地质灾害泥石流及其防治措施

谢湘平　著

陕西新华出版传媒集团
陕西科学技术出版社
——西安——

图书在版编目（CIP）数据

地质灾害泥石流及其防治措施 / 谢湘平著. -- 西安：
陕西科学技术出版社，2022.6
ISBN 978-7-5369-8250-5

Ⅰ. ①地… Ⅱ. ①谢… Ⅲ. ①泥石流－灾害防治－研
究 Ⅳ. ①P642.23

中国版本图书馆 CIP 数据核字（2021）第 243525 号

地质灾害泥石流及其防治措施

（谢湘平　著）

责任编辑	郭　勇　李　栋
封面设计	林忠平

出 版 者	陕西新华出版传媒集团　陕西科学技术出版社
	西安市曲江新区登高路 1388 号陕西新华出版传媒产业大厦 B 座
	电话（029）81205187　传真（029）81205155　邮编　710061
	http://www.snstp.com
发 行 者	陕西新华出版传媒集团　陕西科学技术出版社
	电话（029）81205180　81206809
印　　刷	陕西隆昌印刷有限公司
规　　格	787mm×1092mm　16 开本
印　　张	10
字　　数	207 千字
版　　次	2022 年 6 月第 1 版
印　　次	2022 年 6 月第 1 次印刷
书　　号	ISBN 978-7-5369-8250-5
定　　价	68.00 元

前　言

我国山地丘陵区约占国土面积的 70%，地质条件复杂，构造活动频繁，崩塌、滑坡、泥石流、地面塌陷、地裂缝、地面沉降等灾害隐患多、分布广，防范难度大，是世界上地质灾害最严重、受威胁人口最多的国家之一。据有关统计数据表明，我国每年发生滑坡、泥石流等地质灾害成千上万起，造成的人员伤亡每年平均上千人。其中，泥石流灾害因其普发性、突发性、群发性等特点而造成严重的灾害效应。然而，目前人们对泥石流灾害的认识还不够深刻，对如何防治泥石流灾害还不甚了解，从而造成很多意外的伤亡。

悲惨的事实告诉我们，薄弱的防灾减灾意识以及自救互救知识的缺乏是造成人员伤亡的主要原因。生命只有一次，对生命的尊重和珍视是人类社会不变的主题和永恒的追求。爱惜生命，对每一个生命负责，要求我们通过各种办法提高自己的应灾自救能力，熟练掌握自救基本常识、专业知识和技能技巧，这样，当自然灾害来临，我们才不会惊慌失措，错过在灾害中自我营救和他人的最佳时机。

这是一本关于地质灾害泥石流及其防治措施的书籍，全书共分为 11 个章节，从地质灾害总体概述到泥石流灾害的基本特点、分布特征、形成条件、灾害效应、治理措施（包括工程治理措施、非工程治理措施）、预防措施、监测预警、风险分析、信息化管理及开发利用等方面进行了较全面的介绍。

本书由谢湘平统编，参与编写工作的还有王小军、胡金勇、周威名、王莹莹、李亚倩、杜一凡、赵丹诗、刘畅、邢雅珍、李忠丽，在此一并感谢。由于编者水平有限，书中难免有错误和不当之处，敬请读者批评指正。

目　录
CONTENTS

第1章 地质灾害综述

1.1 地质灾害的类型

地质灾害首先是地质现象，当这些现象的发生危害到人类生命、财产和资源安全时就成为地质灾害。地质灾害是指由自然或者人为活动引发的与地质作用有关的危害人民生命财产安全的灾害总称，主要包括山体崩塌、滑坡、泥石流、地面沉降、地面塌陷、地裂缝等类型。

1.1.1 崩塌

崩塌是指陡峭边坡上的岩土体受内外地质动力作用、人为作用的影响而脱离母体，产生以突然垂直下落为主的地质现象和过程。据调查，一个典型的崩塌必须具备母岩、破裂锥、锥形堆积体等基本要素，否则不能成为崩塌。

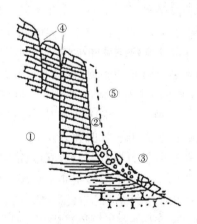

图1-1 崩塌基本要素示意图

①母岩；②破裂壁；③锥形堆积体；④拉张裂缝；⑤原地形

母岩：崩塌发生之前的原始斜坡体。在崩塌发生之前或形成的过程中，母岩靠近临空侧的陡坡上发生剧烈拉张变形，形成多条平行临空面的拉张裂缝。

破裂壁：指崩塌发生后在母岩临空侧留下的破裂面。破裂面形态多呈锯齿状，无滑移摩擦痕迹。

锥形堆积体：崩塌发生后大量岩块、碎石、土在坡脚堆积的形态多呈锥形，所以称之为锥形堆积体。

1.1.2 滑坡

滑坡是指斜坡岩土体在重力的作用下沿一定的软弱面（带）发生整体的、以水平位移为主的变形现象。一个发育完全的典型滑坡具有滑坡体、滑坡壁、滑动面、滑动带、滑坡床、滑坡舌、滑坡台阶、滑坡周界、滑坡洼地、滑坡鼓丘和滑坡裂缝等要素。

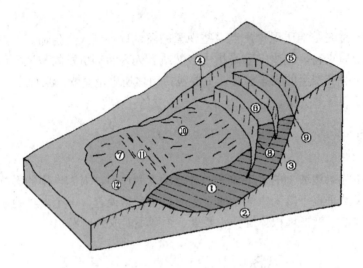

图5-2　滑坡要素形态特征示意图

①滑坡体；②滑动面；③滑床；④滑坡侧壁；⑤滑坡后壁；⑥滑坡台阶；
⑦滑坡前缘（舌）；⑧滑坡台坎；⑨滑坡周界；⑩-⑫滑坡裂隙

滑坡体——斜坡内沿滑动面向下滑动的那部分岩土体，这部分岩土体虽然经受扰动但大体上仍保持原有的层位和结构构造特点。

滑坡壁——滑坡体后缘与不动的山体脱离开后，暴露在外面的形似壁状的分界面。

滑动面——滑坡体沿下伏不动的岩、土体下滑的分界面，简称滑面。

滑动带——平行滑动面受揉皱及剪切的破碎地带，简称滑带。

滑坡床——滑坡体滑动时所依附的下伏不动的岩、土体，简称滑床。

滑坡舌——滑坡前缘形如舌状的凸出部分，简称滑舌。

滑坡台阶——滑坡体滑动时，由于各种岩、土体滑动速度差异，在滑坡体表面形成台阶状的错落台阶。

滑坡周界——滑坡体和周围不动的岩、土体在平面上的分界线。

滑坡洼地——滑动时滑坡体与滑坡壁间拉开，形成的沟槽或中间低四周高的封闭洼地。

滑坡鼓丘——滑坡体前缘因受阻力而隆起的小丘。

滑坡裂缝——滑坡活动时在滑体及其边缘所产生的一系列裂缝。位于滑坡体上（后）部多呈弧形展布者称拉张裂缝；位于滑体中部两侧，滑动体与不滑动体分界处者称剪切裂缝；剪切裂缝两侧又常伴有羽毛状排列的裂缝，称羽状裂缝；滑坡体前部因滑动受阻而隆起形成的张裂缝，称鼓张裂缝；位于滑坡体中前部，尤其在滑舌部位呈放射状展布者，称扇状裂缝。

1.1.3　泥石流

泥石流是指发生在山区流域中一种含有大量固体物质的山洪，为高浓度的固、液两相混合流体，流体容重一般在 $1.4\sim2.4t/m^3$ 之间，根据容重的大小又可分为稀性泥石流（$1.4\sim1.75t/m^3$）、过渡性泥石流（$1.75\sim1.95t/m^3$）和黏性泥石流（$>1.95t/m^3$），其中过渡性泥石流也可称为亚黏性泥石流。暴发时浑浊的流体沿着陡峻的山沟快速流动，运动速度可达 $10m/s$ 以上，在沟口平坦处形成速度逐渐减慢，形成扇形堆积，称为泥石流堆积扇。泥石流与山洪最大的区别在于其固体物质含量高，且颗粒粒径从最小的黏粒到直径达数米的巨石，分布范围极广，具有强大的侵蚀力和冲击力。

1.1.4　地面沉降

地面沉降是指由于自然因素和人为因素作用而形成的底面高程的降低。其发生过程缓慢、短时间不易察觉；以向下的垂直运动为主，只有少量或基本没有水平向的位移；波及范围广，可能影响的平面范围可大至几万平方千米；具有不可逆特性，一旦沉降发生，很难使沉降的地面恢复到原来的标高。随着人类工程活动规模和强度的不断增大，世界范围内普遍发生底面沉降，特别是20世纪后半叶以来。其中，较为严重的国家有日本、美国、墨西哥、意大利、泰国和中国等。

1.1.5　地面塌陷

地面塌陷是指地表岩、土体在自然或人为因素的作用下，向下陷落，并在地面形成塌陷坑（洞）的一种地质现象。主要发生在天然洞穴或人工采掘活动留下的矿洞、巷道、采空区等地方，其代表表现形式是局部范围内地表岩土体的开裂、不均匀下沉和突然陷落，平面范围有限，与地下采空区的面积、有效闭合量或洞穴容量等的大小有关，一般可由几平方米到几平方千米。地面塌陷虽然比地面沉降范围小，但其具有突发性，在特定地质条件下可以由一系列突然塌陷事件所组成，因而其灾害性更强。我国是地面塌陷较常见的国家之一，主要分步在贵州、广西、滇东、湘鄂西等岩溶地区和黑龙江、山西、安徽、山东等矿山采空严重区。

1.1.6 地裂缝

地裂缝是指在内力作用（地壳活动、水的作用）或外力作用（地下开采、抽水、灌溉）下岩土体发生变形，当力的作用累积超过岩土体本身强度时，岩土体发生破裂并在地表形成一定长度和宽度的裂缝的一种宏观现象。地裂缝具有以下特点：①具有方向性和延展性，地裂缝常沿一定方向延伸，在同一地区发育的多条地裂缝延伸方向打字相同，在平面上多呈袋装分布，剖面上多呈弧形、V型或放射状。②地裂缝具有非对称性和不均一性。地裂缝以相对差异沉降为主，其次为水平拉张和错动。其两侧的影响宽度及对建筑物的破坏程度具有明显的非对称性。同一地裂缝的不同部位，地裂缝活动强度及破坏程度也有差别，在专责和挫裂部位相对较重。③渐进性，地裂缝随着时间的推移发生缓慢的蠕动扩展，其影响和破坏程度日益加重，最终导致房屋及建构筑物的破坏和倒塌。④周期性。地裂缝活动受区域构造运动及人类活动影响在时间序列上表现出一定的周期性。当区域构造运动强烈或人类抽取地下水时，地裂缝活动加剧，致灾作用增强，反之则减弱。

尽管地质灾害类型众多，但是在我国，地质灾害以滑坡、崩塌、泥石流为主。据统计数据表明，滑坡占地质灾害总数的51.7%、崩塌占27.2%、泥石流占11.9%、其他类型（地面塌陷、地裂缝和地面沉降）占9.2%。

1.2 地质灾害发育条件

地质灾害总是发生在一定的地质环境中。所谓地质环境，是指地球岩石圈与大气圈、水圈组成的体系，是人类赖以生存的客观地质实体，人类从事工程经济活动的场所，也是一种可利用的资源。影响地质灾害发生的主要地质环境因素一般包括：地形地貌、岩土体类型、地质构造、气候、水系、水文地质条件、植被及人类工程活动。

1.2.1 地形地貌

不同地质灾害形成所需的地形地貌条件不同。崩塌、滑坡等斜坡地质灾害的形成主要受到斜坡坡度、斜坡形态等因素的影响。据野外调查和试验模拟数据，斜坡坡度≤10°时，极少发生斜坡变形地质灾害；10°～25°时，滑坡多发地形；25°～45°时，滑坡极易发生；45°～50°时，崩塌多发；55°～70°时，崩塌极易发生；70°以上的斜坡则极易发生落石。其次，斜坡形态对崩塌滑坡等斜坡变形地质灾害的形成也有一定的影响。当陡坡横向上有突出的陡崖或山脊上有凸出的山嘴时，是崩塌和落石发生的最佳微地貌形态，但不利于大型滑坡的发育；而凹形坡因利于地表水、地下水的汇集，易诱发碎石土滑坡或老滑坡复活。

泥石流的形成受到相对高度、坡度与坡向、流域形状和沟谷形态等地形地貌因子的影响。相对高度对泥石流的形成起关键作用，因为一定的相对高度差为补给泥石流的物源和水源提供势能。相对高度越高、势能越大、形成泥石流的动力条件越足，因此泥石流主要发生在高山、中山和低山区。一般而言，相对高度达300m以上才有可能发生泥石流。其次，山坡坡度的陡缓影响松散碎屑物的分布和聚集，据统计资料表明：我国西部高山、中山的泥石流沟，山坡坡度平均在28°～50°，东部低山区25°～45°。这是因为≥45°的山坡基岩裸露、残坡积物薄；≤45°的山坡，风化物质等能存留住；25°～45°的斜坡发生滑坡的可能性最大，而滑坡产生的大量松散物质成为泥石流主要的物质来源。山坡坡向与泥石流活动的强弱也有一定关系。在北半球的向南破和向西坡（阳坡），泥石流的发育程度、爆发程度均大于向北坡和向东坡（阴坡）。

从全国来看，从西到东可划分为3大地貌阶梯，最高阶梯青藏高原平均海拔4000m，中间阶梯为高原和盆地，海拔1000～2000m，最东部为平原和低山丘陵。地貌阶梯之间的交接带是岭谷相对高度悬殊、切割强烈的山地，如第一阶梯和第二阶梯交接带上的横断山系、乌蒙山系、龙门山系、岷山、西秦岭、祁连山等，二三阶梯交接处燕山、太行山、大巴山等，是我国地质灾害最为发育的地区。

1.2.2 岩土体类型

岩土体是地质灾害发育的物质条件。自然界的岩土体按大的分类可分为岩石、土或半岩。岩石按其岩性又可分为坚硬岩、半坚硬岩和软岩3大类，按岩石成因可分为岩浆岩（火成岩）、沉积岩和变质岩3大类。自然界中的土按成因可分为崩积碎石土、冲洪积砾石土、冰积块碎石土、河湖海积软土、风化残积土和风成土等。按组成物粒度大小可分为块石、碎石、砂土、粉土、黏土等。半成岩则是指外表像岩石，但胶结程度差且不完全，在水的浸泡作用下易崩解成泥土的一类地层。

一般来讲，各类岩、土都可以形成崩塌，但不同岩土类型所形成的崩塌规模大小不同。通常，坚硬的岩体、结构密实的黄土等可形成规模较大的崩塌，而软弱互层的岩石及松散土则以小型坠落和剥落为主。而软弱岩层，包括强风化破碎产物所形成的残积层及覆盖其上的外来堆积物极易产生滑坡。地面沉降一般发生在未完全固结成岩的近代沉积岩地层中，其密实度较低、孔隙度较高、含水率大。地面塌陷则多发生于岩溶现象发育的碳酸盐地层中，但更多的地面塌陷事件与人类活动的影响有着密切联系。

1.2.3 地质构造

地质构造对地质灾害形成的影响表现在不同的层次。首先，区域性断裂的控制作用。如我国第一级南北向构造带控制的横断山区的滑坡崩塌分布特别集中，这主要是因为这里的新构造运动活跃，地震活动强烈，坡体完整性差，河网密，切割深，称为滑坡崩塌即为发育的地带。多条断裂交汇的地区，地层岩性更加破碎，影响范围更大，只要地形地貌条件等基本条件满足，就更有利于滑坡、崩塌、泥石流等发育。我国西部的赣南、陕南、川北、藏东等数十万平方千米范围内，处于南北向横断山构造带、东西向昆仑山—秦岭构造带、北东向龙门山断裂带和北西向玉树断裂带的交汇作用区，发育了数以万计的滑坡、崩塌、泥石流。区域性断裂带同时也是地震的发育带，地震的强烈作用使斜坡岩土体的内部结构发生破坏和变化，导致山体破碎、原有的结构面张裂、松弛。另外，一次强烈地震的发生往往伴随着许多余震，在地震力的反复振动地冲击下，斜坡岩土体就更容易发生变形，促使崩塌、滑坡的发生。例如，发生于龙门山断裂带的汶川大地震，造成龙门山山区大量的崩塌滑坡和不稳定斜坡，使坡面和沟道内松散物质剧增，泥石流活动极为频繁。

其次，软弱结构面的控制作用。斜坡上的岩土体要发生变形破坏，必须具备一些软弱界面与其周围的岩土体分离，如滑坡形成过程中底部的控制面（可发展为滑动面）和周围的切割面（可发展为滑坡后壁和侧壁）崩塌、落石的形成必须有相应的切割面使其与母岩脱离。这些分离面多来自软弱结构面（带），如可能发展成为滑动面的软弱结构面有不同岩性的堆积层界面，覆盖层与岩层的界面，缓倾的岩层层理面、大型节理面，软弱夹层面，被泥质、黏土充填的层理面、裂隙面等；而可能发展成为滑坡后壁、侧壁的软弱结构面则有各种陡倾的节理面、层面、断层面和沉积边界面等。而控制崩塌落石形成的结构面只需两组陡倾节理构成X型，再加上一组近水平的缓倾节理，即可使崩落体与母岩脱离。

第三，有效临空面的控制作用。所有斜坡都有临空面，对于斜坡变形灾害的形成来说，并非所有的临空面都是有效临空面，只有那些利于暴露（切割）斜坡变形灾害的形成过程中利于控制性结构面或滑动面的优势结构面的斜坡面，才能称为有效临空面。除此之外，只能称为一般临空面。据调查，顺坡倾斜的软弱质斜坡、岩层倾向与斜坡倾向相反的逆向岩质边坡、强风化碎裂的岩土边坡、缓倾坚硬岩质夹软岩边坡、坡脚地下水呈水平带状逸出的岩土边坡、高陡岩质斜坡或陡崖等均可以判定为滑坡、崩塌等形成的有效临空面。

1.2.4 水的作用

地质灾害的发生与水的作用密切相关。水的作用又可包含地表水的作用、地下水的作用、降水融雪作用等。

地表水体包括径流、河流、水库、湖泊等。地表径流的作用主要表现在对坡面的冲刷、坡脚的侵蚀、渗入坡体引起土体重量增加、降低坡体岩土体的强度，渗入节理裂隙等产生静水压力，从而降低坡体稳定性。河流的侧蚀、湖泊的浪蚀等作用，使坡体内部软弱面暴露，前端物质被侵蚀而失去支撑，增加了坡体的不稳定性。

储存于斜坡岩土体孔隙和裂隙当中的地下水，在渗流过程中浸润坡体内部软弱结构面，其实抗剪强度显著降低，富集余隔水层顶部，对上覆岩土产生浮托力；溶解土体中的易溶物质，改变土石成分，降低其结构强度；储存于坡体节理、裂隙及隔水层处，产生静、动水压力等，促使斜坡稳定性降低。

降水作用对斜坡变形地质灾害的影响主要表现在：降水入渗到岩土体中，对软弱结构面产生侵蚀和软化作用；降水入渗使斜坡体含水量升高，导致坡体自重增加，增大斜坡的下滑力；降水引起坡体内静动水压力的增加。这些都会导致斜坡体的稳定性降低，诱发崩塌、滑坡的发生。泥石流的形成必须具备充足的水体，水体来源最为普遍的就是降水，其次是冰雪融水。而暴雨、长历时降雨等异常降水提供的强烈地表径流为泥石流的暴发提供了动力条件。融雪作用与降水作用类似，只是其形成、作用过程不同，且具有明显的时间性。

1.2.5　植被

植被具有拦截雨水、减小地表径流、延长汇流时间和固结土壤等多重功效，对于稳定斜坡具有重要作用。但是，植被对斜坡的稳定作用是有限的，容易受到各种自然因素和人类活动因素的影响和干扰。当植被根系固定作用范围以外存在潜在滑动面时，坡体上的植被更增加了斜坡上的下滑荷载，加剧滑坡的产生；在长历时降雨的过程中，植被调节降雨产流和固土作用明显降低，甚至会促使泥石流的形成；当植被覆盖率好的坡体发生火灾后，火烧区域内土体物理化学性质及水文性质发生改变，植被根系腐烂，更易导致火后泥石流的形成；随着滑坡、崩塌或其他因素造成的枯倒木被山洪泥石流搬运形成漂木，更易在狭窄断面形成堵塞堆积，加剧桥墩、沟道的侵蚀，对建构筑物产生冲击作用，加剧山洪、泥石流的灾害效应。

1.2.6　人类活动

人类活动对地质灾害的形成具有重要的影响。人类活动多种多样，目前，人类为修建住房、道路、水库、工厂、矿山以及农田灌溉等不断地改造着自然环境，也诱发了大量的地质灾害。主要表现在：①乱砍滥伐造成植被覆盖率降低，水土流失严重，改变原有的地表水、地下水条件；②修建道路、房屋等活动，开挖坡脚改变自然坡体的稳定性和平衡性，诱发崩塌、滑坡的发生。③大量工程活动产生的废石弃土量不断增加，一方面给原有斜坡造成加载从而诱发滑坡，另一方面由于废石弃渣本身形成的堆积体在不科学堆放的情况下可能产生新的滑坡、泥石流。④塘、库蓄水活动导致的渗漏、侵蚀，破坏原有破体的稳定性。⑤农业灌溉及生活用水的不当，一方面增加坡体的水环境，长期作用下也会诱发滑坡、崩塌等灾害，一方面为了大面积抽取地下水，导致大面积地面沉降。⑥人类开采矿产资源而留下的大量坑洞，成为地面塌陷形成的主要原因。几乎在我国所有的采煤、采矿区，均出现了地面塌陷现象。

1.3 地质灾害分布规律

1.3.1 我国地质灾害分布规律

我国地质灾害数量大、分布广、种类多、危害重。截止到2018年底，全国共调查确认的地质灾害及隐患点286708处，其中滑坡148214处、崩塌77990处、泥石流34100处，其他类型（地面沉降、地面塌陷、地裂缝）26404处。根据地质灾害的宏观类别，结合各地地质条件，地理环境、气候及人类活动等环境因素。中国地质灾害可以划分为4大区域：

（1）在山海关以南，太行山、武当山、大娄山一线以东，包括中国东部和东南部的广大地区，这个地区主要以平原、丘陵地面沉降与塌陷为主。这个地区地处华北断块东南部、华南断块、台湾断块的主体部位；地貌上位于中国大地貌区划分的第三级地势阶梯，是我国海拔最低的一级阶梯。这个地区新构造活动强烈，有著名的郯城——庐江大断裂以及南海、黄海以北向东的构造带，台湾、福建沿海及华北有地震活动外，其他区域较弱；由于区内矿产资源较丰富，采矿业发达，人类工程活动规模较大，诱发严重的地面沉降、矿山地面塌陷、岩溶崩塌等灾害。而在丘陵山区等人类活动会诱发滑坡、泥石流等灾害，总之，该区是由于人类活动为主而形成的地质灾害组合类型区。

（2）此区包括长白山南段、阴山东段、长城以南、阿尼玛卿山、横断山脉北段以东、雅鲁藏布江以南的广大地区，属于中国中部地区以及青藏高原南部和东北部地区。这个区包括我国新兴工业区，人类密度大，资源开发和农牧活动等经济活动活跃，由于不合理的资源开发利用，使地质环境日益恶化，导致本区泥石流、滑坡、崩塌、水土流失等山地地质灾害频发。在本区内，地质灾害主要由内动力和外动力地质作用引起的突发性地质灾害为主，主要是地质作用和人类活动的相互叠加而形成的山地地质灾害。

（3）此处于秦岭—昆仑山以北，在大地构造上属于新疆断块并横跨华北断块以及东北断块区，位于中国大地貌区属于第二阶梯部位。该区西部活动断裂发育，地震活动强烈，其余相对较弱，内陆高原，荒漠地区气候条件不好，沙漠化日趋严重，天山、昆仑山山地主要有雪崩、滑坡、崩塌等地质灾害。

（4）本区位于青藏高原中北部及大小兴安岭北段，大地构造上属于青藏断块和东北部段块区。青藏高原为中国大地貌划分第一级地势阶梯上，属于我国的高海拔区。在青藏高原和大小兴安岭区发育有连续多年冻土和岛状多年冻土区由于气候季节条件变化和日温差变化，沙丘冻胀、融沉，融冻泥流，冰湖溃决泥石流等地质灾害较为发育。

1.3.2　世界地质灾害分布规律

全球自然灾害在空间上呈现带状分布，世界上最大的自然灾害带有两条，一条是环太平洋沿岸几百千米宽的自然灾害带，全球75%的火山、80%以上的地震、2/3的台风与海啸等灾害都集中在这里。环太平洋地带是人口集中、经济发达的地区，因此这个地带上的灾害损失严重；另一条是北纬20°～50°的环球自然灾害带，这里既是全球水旱灾害、风暴潮灾害、台风灾害最严重的地区，又因为地势高差大、地形复杂，被称为世界上山地地质灾害最严重的地区。

1.4　地质灾害的关联性

地质灾害不仅具有明显的地域区域性，而且各种地质灾害之间存在密切的关联性，被称为灾害链。某一个地域内的地质灾害可能有若干种，各种自然灾害之间以及它们的成因存在着密切的关联。它们借助自然生态系统之间相互依存、相互制约的关系，产生连锁效应，由一种灾害引发出一系列灾害，从一个地域空间扩散到另一个更广阔的地域空间。在一次灾害发生的过程中，往往由一种原发性的主灾诱发其他次生灾害。特别是由地震引发的地质灾害链尤为常见。

1.4.1　地震—滑坡—泥石流灾害链

地震—滑坡—泥石流灾害链是最常见的地质灾害链之一，其危害巨大。由地震引起的滑坡、泥石流等次生灾害造成的损失甚至大于地震直接造成的损失。

地震对滑坡、泥石流的作用在于触发滑坡、泥石流的滑动或流动，促进滑坡、泥石流的形成。其表现在于以下3个方面：

（1）地震力的作用，使斜坡体承受的惯性力发生改变，触发了滑动和流动。

（2）地震力的作用，造成地表变形和裂缝的增加，降低了土石的力学强度，引起了地下水位的上升和径流条件的改变，进一步创造了滑坡、泥石流的形成条件。

（3）地震触发的崩塌、滑坡、冰、雪崩、堤坝决崩以及其他水源的变化，为泥石流提供了大量的松散固体物质和水源，进一步扩大了泥石流的规模。

伴随地震形成的滑坡、崩塌和泥石流还可能导致堆积物阻塞河道，造成河流壅水形成湖泊，这就是堰塞湖。由于松散堆积物形成的大坝并不坚固，当堰塞湖蓄水达到一定的程度，极易溃坝，对居住在河流下游的人民的生命财产安全构成了极大的威胁。唐家山堰塞湖就是汶川地震造成的规模最大、潜在威胁最严重的堰塞湖之一。

我国的四川、甘肃、贵州、云南等地区，现代地壳活动强烈，地震频发，且震级高，山体中断裂发育，风化严重，岩石破碎，再加上地球内外应力形成该地区山高、谷深、坡陡的地貌特征，是我国地震、滑坡、崩塌、泥石流等地质灾害高发区，形成了以地震、滑坡、泥石流为主的地质灾害系统。以2008年汶川大地震为例，其诱发的地质灾害规模之大、数量之多、影响之严重，为世界地震灾害史所罕见。汶川地震发生在地形陡峭的山区，地震震动强烈，促使岩体松动、山体疏松、山体稳定性降低，引起了严重的滑坡、崩塌、泥石流及堰塞湖等地质灾害。从汶川到北川的东北方向长500km、宽100km范围内，地震触发的滑坡、崩塌、泥石流多达数万处，滑坡多为快速远程滑坡，冲击力强，破坏性大。发生的滑坡和泥石流面积较大，从两侧的山上顷刻间滚滚流下，掩埋了村庄、道路和河流。北川老县城西的王家岩滑坡，体积超过300万m³，致使老北川县城大批房屋被埋，人员死亡达1600人，损失惨重。北川中学滑坡体造成学校及周围居民死亡约900人。

研究表明汶川地震后的崩塌、滑坡活跃期将会持续5～10年，而泥石流的活跃期持续10～20年。2010年8月7日，甘肃省甘南州舟曲县发生特大泥石流灾害，就是汶川地震—滑坡—泥石流灾害链典型的例子，汶川大地震发生时，距离震中不远的甘肃舟曲受到重创，许多陡峭的高山都出现了裂隙，岩石变得松散，再遇上连日的暴雨袭击，一场可怕的泥石流就这样产生了。

1.4.2　地震—海啸灾害链

海啸是一种破坏力巨大的海浪。水下地震、火山爆发等大地活动造成海底到海面的整个水层发生剧烈"抖动"，引起海水剧烈的起伏，形成强大的波浪向前推进，给沿海地带造成巨大的灾害，称之为海啸。海啸通常由震源在海底下50km以内、6.5级以上的海底地震引起。地震发生时，海底地层发生断裂，部分地层出现突然上升或者下沉，由此造成从海底至海面的整个水体的波动。与平常所见的海面起伏的海浪不同，这种抖动使整个水层剧烈波动，所含的能量巨大。

由于海啸的波很长，海啸在大洋深海区域很难形成灾害，正在航行的船只甚至很难察觉这种波动。当海啸波进入浅海后，由于海水深度变浅，波高突然增大，形成高度可达数十米的"水墙"，冲击陆地，给人类生命和财产造成严重损失。

地震是海啸的"排头兵"，如果感觉到较强的震动，就不要靠近海边、江河的入海口。如果听到有关附近地震的报告，要做好防海啸的准备；要记住，海啸有时会在地震发生几小时后到达离震源上千千米远的地方。如果发现潮汐突然反常涨落，海平面显著下降或者有巨浪袭来，并且有大量的水泡冒出，都应以最快速度撤离岸边。在海上航行的船只不可以回港或靠岸,应该马上驶向深海区,深海区相对于海岸更为安全。

1.4.3 地震—火灾灾害链

因地震引发的火灾称为地震火灾。地震次生火灾是城市当中非常常见的地质灾害链,也是城市中最易发生、最危险的次生灾害。地震火灾常常造成严重的人员伤亡和财产损失,是地震的主要次生灾害之一。国内外多震例证明,大多数城市破坏性地震都会引发火灾,造成的损失往往超过了地震直接造成的损失。

随着经济的发展,人们生活水平的提高,家用电器、燃气设施大量涌入人们的日常生活,为我们生活带来便利的同时也带来很多火灾隐患。另外,随着现代工业发展的需要,加工、使用、经营、运输、存储易燃易爆物品的单位和场所越来越多。如石油化工厂、加油站、液化气站、天然气管道等,在城市里星罗棋布。这些设施一旦在地震中损毁,就将引发规模巨大的次生火灾,损失也将极为惨重。

地震是人们面临的最为严重的自然灾害之一,地震次生火灾也自然成为人们重点防御的次生灾害。旧金山地震和关东大地震的火灾告诫人们,地震次生火灾是极其危险的,其造成的损失是极为严重的。地震时,城市的管道、供电等系统很容易遭到破坏,造成燃气泄漏、电力破坏,引发火灾,而消防系统也被损坏,致使火灾蔓延发展到无法控制的地步。当我们在地震中遇到燃气泄漏时,应用湿毛巾捂住口、鼻,千万不要使用明火,震后设法转移。遇到火灾时,应趴在地上,用湿毛巾捂住口鼻。地震停止后向安全地方转移,要匍匐、逆风而进。

第2章 泥石流基本概述

2.1 泥石流形成的基本条件

泥石流形成有3个基本条件：地形条件、地质条件和水源条件，这3个条件缺一不可。

2.1.1 地形条件

地形条件主要为泥石流的形成提供能量和能量的转化条件，也影响泥石流固体物源的储备过程。地形条件对泥石流形成的影响主要体现在区域尺度和流域尺度2个方面。区域尺度的影响主要体现在海拔高、呈地势起伏和河流切割程度等方面。地势起伏程度越大，山体越高大，河流切割越强烈，其势能转化为动能的条件越好，越有利于泥石流的形成。具体到流域尺度，主要体现在沟床比降、主沟长度、相对高度和流域面积等。一般来说，相对高度越大，山坡和沟床越陡，越有利于泥石流的形成和发展。一个典型的泥石流流域根据地貌特征通常可分为3个区域，即形成区、流通区、堆积区。

泥石流形成区位于流域上游，又称汇流区，为泥石流形成提供土体和水体。在地形上多为三面环山、一面出口的半圆形宽阔地段，周围山坡陡峻，沟谷坡降可达30°以上，其面积可达数平方千米到数十平方千米，区域内斜坡常备冲沟切割，崩塌、滑坡和坡面泥石流发育，松散固体物质丰富。

泥石流流通区位于流域的中下游，又称沟谷区，是紧接形成区的一段沟谷。一般而言，流通区地形狭窄，两岸山坡比较稳定，固体物质供给相对较少，泥石流以通过为主。但有些沟谷的流通区也存在着较厚的洪积物和老泥石流堆积物，或者较大规模的泥石流冲刷沟岸形成崩塌、滑坡，为泥石流提供新的固体物质补给，加大其规模。

泥石流堆积区位于流域下游，多数位于山口以外，由于地势开阔平缓，泥石流运动的阻力增大而逐渐停淤，形成扇形、锥形或带形的堆积体。由于泥石流堆积区地形较为平缓，交通便利，往往是山区开发利用的主要区域，也是泥石流主要的危害区域。

2.1.2 地质条件

地质条件主要体现在泥石流形成的松散固体物质的影响,主要因素有地质构造、地层岩性、风化作用等。泥石流强烈发育的山区都是地质构造复杂、岩石风化强烈、新构造运动活跃、地震频发、崩塌滑坡灾害多发的地段,这样的地段为泥石流活动提供了丰富的固体物质来源。

岩土体性质是泥石流形成的物质基础,不同性质的岩石,对泥石流的频率、规模和性质有重要的影响。泥石流形成区最常见的岩层,往往是片岩、千枚岩、板岩、泥页岩、凝灰岩等软弱岩层,软弱岩层结构密实性差、孔隙多、风化侵蚀速度快,易于形成身后的风化壳堆积,为泥石流的发生提供丰富的松散物质储备。

风化作用,特别是物理风化作用,对岩石的破坏作用最大,风化速度最快,松散碎屑物质的积累速度快、储量丰富,对泥石流的形成意义特别大。风化作用的强弱还受到气候的影响,亚热带、暖温带半湿润半干旱气候区最有利于风化作用,可以加快风化速率和强度。如云南、川西南的西南季风气候区,陇南白龙江流域、秦岭以北及华北地区,风化作用均非常强烈。

2.1.3 水源条件

泥石流的形成需要充足的水体,水体来源主要有降水、冰雪融水和水体溃决等。据此,可将泥石流分为降雨型泥石流、冰雪融化型泥石流(冰川型泥石流)和水体溃决型泥石流。

在我国,除青藏高原、高山区有较发育的冰雪融水外,其余广大地区的泥石流主要由降水引发。在大气降水中,又以暴雨形成的地表径流居首位。从对泥石流形成的作用上,可将以此降水过程分为激发雨量、前期降雨和后期降雨。激发雨量是指激发泥石流启动的1小时雨量,前期降雨量是指泥石流发生前的累积降雨量,这部分雨量通过入渗影响土体的稳定性,从而降低激发泥石流需要的降雨强度。泥石流发生后的降雨被称为后期降雨,这部分降雨可增大泥石流规模,延长泥石流的时间。不同地区即使总雨量相同,不同过程的降雨量对泥石流的形成影响不同。如在汶川地震区,高强度、短历时暴雨是形成泥石流的主要条件,而在云南省小江流域,长历时的前期降雨对泥石流的形成具有更重要的影响。

2.2 泥石流分布规律

泥石流形成受到能量、物质和水源这3大条件的制约,其分布也受这3大条件的影响。能量条件是决定是否有泥石流分布的关键因素,包括总能量条件和能量转化梯度条件。对于一个小流域而言，地形相对高差反映总能量条件，地形坡度反映能量转化条件，共同决定该流域是否具备泥石流形成的能量条件，是控制泥石流分布的关键因素。物质条件是泥石流形成的物质基础，但在自然界极端的石漠化地区外，绝大部分山区都具备泥石流活动所需的基本物质条件，只是物质的丰富程度存在较大的差异，物质条件对控制泥石流分布不像能量条件那么重要，但对泥石流的活跃程度却有十分重要的影响。水源条件是泥石流形成的激发条件，包括降水、冰川（雪）水、溃决洪水和泉水等，由于我国部分地区受季风气候影响，降水丰富且集中，除少数极干旱地区外，绝大分地区的降水均可以满足激发泥石流的需要。

2.2.1　在行政区的分布

我国泥石流分布极为广泛，我国除江苏省、上海市和澳门特别行政区外，其余各省（市、自治区）均有泥石流分布，但是在各行政单元的分布极不均匀，整体上是西部山区多于东部山区，西南山区多于西北山区。其中泥石流灾害分布最为集中的是四川、云南、陕西、西藏和重庆等，约占全国泥石流总量的80%。

2.2.2　在地貌带的分布

由于能量条件是控制泥石流形成的关键因素，泥石流在地貌带的分布具有很强的规律性。受大的地貌格局的控制，我国内陆地区泥石流的分布形成2个大条带：一是青藏高原向云贵高原，四川盆地和黄土高原向东部低山、丘陵和平原的过渡带，二是受太平洋板块俯冲作用影响形成的东部沿海山脉。这2个大条带均是地形起伏变化较大的地带。这导致泥石流在地貌带的分布具有以下特点。

2.2.2.1　泥石流在大地单元过带集中分布

大地貌单元过渡带上往往地质构造活跃，地形高差起伏大，起伏的地形又往往造成降水增加，为泥石流的发育提供了良好的条件。我国地貌西高东低，呈阶梯状分布，由3大阶梯构成，这3大阶梯存在2个过渡带，这2个过渡带均是泥石流发育的地带。其中，在第一阶梯向第二阶梯的过渡带上不仅具有较大的高差，同时具有较大的坡度，导致泥石流异常发育，密集分布，是我国泥石流的主要活动区；在第二阶梯向第三阶梯的过渡带上，由于地形高差变化比前一过渡带小，虽然仍是泥石流发育区，但无论是泥石流数量还是泥石流的活跃程度均比前一个过渡带要弱。我国发育许多盆地，因盆地周边山地向盆底平原或丘陵过渡的地带相对高差较大，坡度较陡，是泥石流密集发育的地区。其中最为典型的是四川盆地，盆周西部山地是我国泥石流最发育的地区之一。

2.2.2.2 泥石流在河流切割强烈、相对高差大的地区集中分布

河流切割强烈的地区往往地壳隆升强烈，地质构造活跃，地形相对高差大，地势陡峻，具备泥石流发育的有利条件，泥石流往往在这些地区集中分布。我国西部地区河流切割强烈、相对高差大的地区主要有横断山地及其沿经向构造发育的西南诸河以及雅砻江、安宁河、大渡河等河流，金沙江下游地区、岷江上游地区、嘉陵江上游、白龙江流域等。

2.2.3 在地质构造带的分布

断裂带皆为地质构造活跃的地带，新构造运动活动强烈，地震活动频繁，地震带多与大的断裂重合，这些地带往往岩层破碎，山坡稳定性差，河流沿断裂带切割强烈，形成陡峻的地形，为泥石流的发育提供了十分优越的条件，是泥石流分布最为密集的地带。地震活动往往能诱发大规模的泥石流，在地震后较长的一段时间内，泥石流活动都处于活跃期，我国泥石流密集分布的地区几乎均分布在断裂带和地震带，例如，金沙江下游的小江流域沿小江深大断裂带发育，小江深大断裂带也是云南省主要的发震性活动断裂带之一。在断裂带和地震活动的作用下，小江两岸泥石流异常发育，小江流域全长仅138km，两岸发育的泥石流沟则多达140条（韦方强 等，2004），其中的蒋家沟泥石流更是为全世界之最，平均每年暴发15场泥石流，最多一年暴发泥石流高达28场（吴积善 等，1990）。嘉江上游的白龙江流域密集分布的泥石流均处于白龙江复背斜、武都构造断裂带上。沿弧形断裂带有的大盈江是我国泥石流密集分布的又一地带，因滑坡为泥石流提供了极为丰富的物质，许多泥石流沟谷泥石流暴发频繁（张信保 等，1989），通麦—然乌断裂带是帕隆藏布江段泥石流发育密集的地带，发育众多大规模的滑坡和泥石流沟，其中古乡沟、m堆沟和培龙沟等均是典型的冰川泥石流沟，对川藏公路构成了严重的危害。

2.2.4 在气候带的分布

泥石流的分布虽然受地带性因素影响，但主要受地形、地质和降水条件的控制，因此，也表现出一定的非地带性特征。由于我国绝大部分泥石流是由强降水诱发的，一般在降水丰沛和暴雨多发的地区集中分布。例如，长江上游的攀西地区、龙门山东部、四川盆地北部和东部及湖北西部山地等都是降水丰沛的地区，年降水量一般超过1200mm，且降水强度大，多为暴雨，皆为长江上游泥石流集中分布的地区。再如，滇西南地区受印度洋暖湿气流的影响，降水异常丰沛，是云南泥石流分布最为密集的地区，其中的大盈江流域地处亚热带，为印度洋季风气候区，降水充沛，并随海拔的升高而增加，区域内多年平均降水量为1345mm（下拉线，海拔837m）～2023mm（海拔2000的降水造成大盈江流域泥石流频发，大盈江主河长168km，但发

育泥石流沟116条（张信保和刘江，1989）。

从泥石流成因类型看，冰川泥石流主要分布于我国西部山地，而且大部分集中于西藏东南部地区；暴雨泥石流主要分布于西南地区，其次西北、华北和华东地区也有呈带状或成零星分布。从泥石流物质组成看，泥石质泥石流分布遍及西南、西北和东北的基岩山区；沙（水）石质泥石流（简称"水石流"）分布于华北地区，而泥质泥石流（简称"泥流"）分布于松散易蚀的黄土分布区。

2.3　泥石流活动特征

2.3.1　突发性

一般的泥石流活动暴发突然，历时短暂，一场泥石流过程从发生到结束仅几分钟到几十分钟，在流通区流速可高达20m/s。泥石流的突发性使得对泥石流难以准确预报，撤离可用时间短。因而常给山区造成突变性灾害，一起强烈的侵蚀、搬运和冲击能毁坏房屋、道路、桥梁，堵塞河湖，淤埋农田，破坏森林等等，造成严重的人员伤亡与经济损失。例如，1984年5月27日，云南省东川市黑山沟突发泥石流，冲毁工矿区，造成121人死亡。

2.3.2　群发性

由于在同一区域内泥石流的环境背景条件差别不大，地质构造作用、水文气象条件、地震活动等对泥石流的影响具有面状特征，使得在一定区域内均可满足泥石流的形成条件，导致泥石流的群发性特征。例如，1998年8月13日一次暴雨，引起四川省遂宁市183处滑坡泥石流灾害，使得825个村庄受灾，造成6人死亡，3人受伤。2010年8月13日四川清平特大泥石流，24条沟谷同时暴发泥石流，致使绵远河清平乡附近的河道完全堵塞。

2.3.3　准周期性

泥石流活动具有波动性和周期性。泥石流活动的波动性主要受固体物质补给和降雨的影响，但泥石流暴发与强降雨周期不完全一致。我们把泥石流活动这种具有一定的周期性特点称为准周期性。例如，青藏高原泥石流活动有大周期与小周期。1902年，扎木弄巴发生特大规模滑坡泥石流，堵断易贡藏布江形成易贡湖；2000年4月，扎木弄巴在此发生特大规模滑坡泥石流，在此堵断易贡藏布江，这代表了泥石流活动的大周期特征。

2.3.4 季节性

泥石流活动具有季节性。对于降水引发的泥石流，由于受降雨过程的影响，泥石流发生时间主要集中在雨季，特别是7、8月之间，其他季节暴发较少，而且规模也较小；而在高山地区，由于冰雪融化导致的冰川泥石流，则多发生在4~6月。

2.3.5 夜发性

根据中国科学院东川泥石流观测研究站对将结构泥石流活动50多年来的观测数据发现，在夜间暴发的泥石流占泥石流发生总次数的70%以上，这说明泥石流具有明显的夜发性。正由于泥石流的夜发性，也加大了预警预报与人员转移的难度，常造成人员伤亡事故。例如，2012年6月28日，四川省凉山州宁南县白鹤滩镇矮子沟发生的特大泥石流灾害，泥石流冲毁了白鹤滩镇的一家酒楼，因发生在夜间，导致酒楼中住宿的40多人死亡或失踪。

2.4 泥石流物理特征

2.4.1 泥石流的物质组成

泥石流是大量固体物质与水的混合流体，是典型的固液两相流。泥石流中固体物质与泥石流的体积比一般为30%~70%，远远高于一般挟沙水流。泥石流中固体物质不仅含量高，且分布范围广，从最小的黏粒理解到直径达数米的巨石（图2-1），具有典型的宽级配特征。其中，固体物质中的细颗粒和水组成不分选的浆体，具有很高的黏性。因此，又可以进一步将泥石流概化为由水和细颗粒组成的浆体（液相）以及剩余粗颗粒（固相）构成的特殊两相流。对固液两相分界粒的确定是研究泥石流动力过程的关键问题之一。沈寿长等通过分析浆体组成的机理分别提出了稀性泥石流和黏性泥石流分界粒径的划分方法。费祥俊等通过分析泥石流野外观测资料认为，高浓度浆体所具有的屈服应力维持颗粒不沉，呈中性悬移运动，该稳定悬液的上限粒径即为两相分界粒径，其与泥石流的容重密切相关。艾弗森通过分析泥石流的物理力学性质认为，可以基于颗粒沉降的时间尺度和长度尺度来划分泥石流的固相和液相。舒安平等提出了基于最小能量耗损原理的泥石流分界粒径确定方法。陈宁生等提出以泥石流沟边壁、岩壁的固体黏结物的最大粒径作为浆体的上限粒径。蒋家沟泥石流野外实测资料分析结果表明，液相浆体以$d<0.05mm$的颗粒为主体，但并非固定不变。泥石流分界粒径将随着自身黏度和流速的增大而增大，并且在流速的增大过程中，分界粒径将趋于某一稳定值，其上限粒径一般认为为2mm。

图2-1 泥石流中携带的大石块

从对泥石流性质的影响角度出发，泥石流物质体系可细分为3部分，一是固相细颗粒与水组成的泥浆体，其影响着泥石流的流变性质；二是粒径大于2mm而又小于泥石流运动特征尺度的粗颗粒，充填在泥浆液中，对泥石流整体的性质有显著影响。三是泥石流中的粒径大于泥石流运动特征尺度的巨大块石，其虽然被泥石流搬运，但对泥石流体的性质影响不大。

泥石流固体物质组成通常可用各粒径占总量的质量百分比来表示，也即固体物质的颗粒级配。固体物质的颗粒级配对泥石流的运动及沉积规律有很大影响。泥石流中固体物质按其来源可分为2个部分，一部分来自形成区，另一部分来自运动过程中沟道两岸的堆积物和沟床堆积物。因此，在不同区域取样获得的固体物质颗粒级配不可能完全相同。此外，由于各类泥石流容重差异，冲淤变化也各不相同，所以同一地点取样得到的泥石流固体物质颗粒级配，既可反映源地物质组成，也反映泥石流运动特性。一般而言，泥石流容重越大，固体物质组成也越粗，而且高黏性泥石流颗粒组成比原始土体组成还略粗；随着泥石流浓度下降，固体物质开始有分选地被搬运，粗颗粒因沉积而减少，细颗粒仍能保持悬移，或较少沉积，其在总量中所占百分数相对增加。中值粒径d_{50}随泥石流容重下降而很快减小，这也反映了泥石流容重或浓度越高，颗粒组成越粗的现象。

黏性泥石流固体物质组成具有两端大、中间小的双峰特性，粗细颗粒相差悬殊，使得粗颗粒间空隙被细小颗粒填充，这种填充效应导致黏性泥石流具有很高的容重或体积浓度。

2.4.2　泥石流的浓度

泥石流的浓度定义为水或土体占总泥石流体的质量或体积比，通常有2种表达方式：一是单位体积泥石流体的质量，即泥石流密度，通常也称容重γ_c，常用单位为t/m^3或kg/m^3，其表达式如下：

$$\gamma_c = \frac{泥石流体的总质量}{泥石流体的总体积} \tag{2-1}$$

另一种是单位体积泥石流体中固体颗粒所占的体积比，即体积浓度C_v，其表达式如下：

$$C_v = \frac{泥石流中固体物质的总体积}{泥石流体的总体积} \tag{2-2}$$

两者之间具有一定的换算关系，如式2-2所示。

$$C_v = \frac{\gamma_c - \gamma_w}{\gamma_s - \gamma_w} \text{或} \gamma_c = \gamma_w + (\gamma_s - \gamma_w) C_v \tag{2-3}$$

式中：γ_w为水的容重，γ_s为固体颗粒的重度，通常取2650～2700kg/m^3。

泥石流的浓度在一定条件下只与其物质组成有关。根据蒋家沟实测资料研究表明，泥石流容重与颗粒中值粒径d_{50}具有很好的的相关性。相同体积浓度的泥石流体，如果力度组成和排列方式不同，可能具有不同的性质。因此，在泥石流研究中引入饱和体积浓度和极限体积浓度的概念。饱和体积浓度是指泥石流体中固体颗粒稳定接触排列下的体积浓度，极限体积浓度值泥石流体中的固体颗粒最密实镶嵌排列下的体积浓度。对于均匀球体，饱和体积浓度和极限体积浓度分别可达0.625和0.74。根据试验分析，泥石流密度越大，大于2mm的颗粒含量越大，饱和体积浓度和极限浓度也会随之增大。

2.5　泥石流运动特征

2.5.1　泥石流运动形态

2.5.1.1　泥石流流态

由于泥石流本身性质和运动条件的复杂性，其流态无法用某些物理力学指标来明确划分，而流体力学中划分流态的常用无量纲参数，如管道水流中的雷洛数、明渠流中的弗洛德数，都无法直接套用到泥石流中。吴积善等根据四川凉山黑沙河泥石流长期观测资料，将泥石流流态定性分为紊动流、扰动流、层动流、蠕动流和滑动流5种。泥石流的流态主要受固体体积浓度的影响。稀性泥石流接近含沙水流，容易出现紊流，随着颗粒浓度的增加，密度增大，内部的结构性和整体性增强，泥石流流态趋于塑性流动状态。

2.5.1.2　泥石流流型

泥石流流型是指泥石流运动的过程线的形状。根据泥石流过程线的观测结果，可将泥石流分为阵性流和连续流。阵性流是指流动过程中出现断流的现象，而连续流是指流量过程线连续、中间无断流现象发生。

一般来说，高容重的黏性泥石流才会出现阵性流。阵与阵之间具有明显的间隔时间，由几十秒到10～20min不等，在流量过程线上呈现独立的峰值。造成阵性流这种独特现象的原因大概有几个：泥石流物源区物质补给的不连续，泥石流启动过程中由于降水时空不均匀导致的间隙性；沟槽底面地形的复杂性；弯道的堵塞效应；沟床的展宽和流体沿程的黏附作用；泥石流运动过程的流动不稳定性。阵性泥石流的流速与泥深一般呈正相关，但不如一般洪水那样密切。泥深越大，流速越大，大流速泥石流可追上小的泥石流，并合成一阵更大的泥石流；泥石流的阵性运动使得其携带的物质在短时间内经过过流断面，大涨大落，其峰值流量往往是正常清水流量的几倍甚至几十倍。一般龙头越高，阵流长度越长，每次阵流的外形基本相似，即呈头大、身短、尾长的蝌蚪形。

对于稀性泥石流和水石流来讲，一般都是连续流，高容重的黏性泥石流在流量补给充足时也会出现连续流。

阵性流和连续流可能出现在同一个泥石流事件。根据云南东川的蒋家沟泥石流观测资料，蒋家沟泥石流中的阵性流流动历时占整个过程的70%以上。例如，1991年蒋家沟有记录的22场泥石流都是以阵性流为主，8月14日9：30暴发的一场泥石流共有224阵，总历时达10h。其中阵性流总历时为5.5h，其最大流量达到634.4m³/s，输沙总量513297m³；连续流总历时为4.5h，但连续流情况下其最大流量仅为37.9m³/s，输沙总量28719m³。根据蒋家沟泥石流全过程样本分析表明：泥石流始于挟沙洪水，再演化为泥石流，最后又逐渐过渡到挟沙洪水。典型的泥石流过程可分为：挟沙洪水—前期稀性连续泥石流—黏性阵性泥石流—后期稀性连续型泥石流—挟沙水流。

2.5.2　泥石流运动速度

泥石流运动速度的大小和分布特征是泥石流运动力学的关键核心问题，也是泥石流防治工程设计中最重要的参数之一。然而，由于泥石流是一种复杂的多相非牛顿体，野外原型观测和室内实验测量困难，测量手段和运动机理研究的滞后一直制约着泥石流流速研究的发展。一般所谓的泥石流流速是指泥石流在流通区运动通过时的速度，具体可分为泥石流的平均流速、表面流速、内部流速和龙头运动速度等。自然界和模拟实验中泥石流的流态既可能为层流，也可能为紊流。即使是层流，其流速在垂向、纵断面和横断面的分布也是不均匀的，而平均流速的测量和计算往往比不均匀的表面流速、内部流速和龙头流速简单。因此，目前在实际泥石流流速观测、测试和计算时，其结果一般都为平均流速。

2.5.2.1　泥石流流速分布特征

泥石流流速分布分为横向分布和垂向分布2个方面。康志成等根据对东川蒋家沟泥石流观测资料进行研究发现，泥石流横向和垂向流速分布有个基本特点，即龙头在平面上的位置是一个向前突出的舌形体，流速在横向分布上呈现中间大两侧小的规律，并根据拍摄到的泥石流龙头照片中舌形体的凸宽比，粗略估算蒋家沟黏性泥石流阵流的表面流速系数为0.7。泥石流垂向流速分布遵从幂律关系，即泥石流垂向流速与泥石流总流深与距沟床的距离只差的1.5次方成正比。根据泥石流龙头在运动过程中由上向下翻落，判断泥石流表面流速大于底层流速，并根据获得的泥石流运动照片粗略估算蒋家沟黏性阵流的垂向流速系数为0.85。杨红娟等利用泥石流冲击力方法开展黏性泥石流流速垂向分布的研究，结果显示试验中黏性泥石流的流速分布特征与一般流体相似，且能够通过宾汉模型描述。

2.5.2.2　泥石流流速计算

泥石流流速的计算方法大至可以分为基于泥石流本构关系的理论公式、基于水力学的经验公式、基于能量损耗的计算公式和基于超高和爬高的计算公式4类。

1. 基于泥石流本构关系的理论公式

①膨胀体模型，其流速估算公式为：

$$v_c = \frac{2}{3} \xi H^{1.5} J$$

（2-4）

式中，ξ为颗粒大小和浓度的集中系数；H为泥深；J为沟床比降。该公式反映了颗粒流在惯性区的膨胀剪切关系，这也正是高桥堡泥石流模型的基础。

②牛顿体紊流的Manning-Strickelr公式（即曼宁公式）：

$$v_c = \frac{1}{n} H^{2/3} J^{1/2}$$

（2-5）

式中，n为曼宁系数。这个计算公式已经被推荐进入日本的泥石流防治技术标准中。

③明渠流的谢才公式：

$$v_c = C H^{1/2} J^{1/2}$$

（2-6）

式中，C为谢才系数。谢才公式是从一维明渠流的运动方程中推导出来的，后来推广到泥石流流速估算中。

2. 基于水力学的经验公式

泥石流流速经验公式一般从均匀恒定的明渠流阻力公式出发，根据地区性的实际资料做出修正，建立泥石流断面平均流速、坡度、水力半径和反映沟床粗糙条件的阻力系数4个变量之间的一种经验统计关系，能在一定程度上解决当时当地的工程实践问题。国内外很多学者根据地区性的观测资料提出了不同的研究区相应的流速和阻力计算经验公式。从理论公式（2-5）与公式（2-6）中可以看出，泥石流流速公式的基本形式为：

$$v_c = C_m H^a J^b$$

（2-7）

式中，指数a、b以及经验系数C_m均为待定参数，需要根据不同地区、不同类型泥石流流速观测资料进行率定。我国基于实际观测资料的经验公式较多，例如，云南东川蒋家沟黏性泥石流估算公式，云南东川大白泥沟黏性泥石流经验公式，甘肃武都火烧沟、柳弯沟和泥弯沟黏性泥石流估算公式、西藏波密古乡沟黏性泥石流估算公式、云南大盈江浑水沟黏性泥石流估算公式、青海扎麻隆峡稀性泥石流估算公式、北京地区习性泥石流估算公式等。这些公式适合于我国不同地区、不同类型和性质泥石流流速与阻力的计算。这里仅列举4种相对有影响的经验公式。

①陈光曦和王继康根据云南东川蒋家沟、大白泥沟等153阵泥石流的观测数据，采用曼宁-谢才公式建立黏性泥石流流速公式（陈光曦 等，1983）：

$$v_c = KH^{2/3} J^{1/2}$$

（2-8）

式中，v为泥石流流速；K为黏性泥石流流速系数；H为泥深；J为沟床比降。

②康志成呈（2004）借用曼宁公式，根据蒋家沟1965～1967年和1973～1975年的泥石流观测数据提出的黏性泥石流流速计算公式，并发现曼宁系数与泥深存在良好的统计相关关系[式（2-6）、式（2-7）]，还根据西藏、云南东川和甘肃武都等地区黏性泥石流的观测资料编制了经验性的曼宁系数表，曼宁系数取值在0.05～0.445。

$$v_c = \frac{1}{n} H^{2/3} J^{1/2}$$

（2-9）

$$\frac{1}{n} = 28.5 H^{-0.34}$$

（2-10）

式中，n为曼宁系数。

③王文等（1985）根据西藏波密古乡沟1964年的85次和1965年的10次泥石流观测资料，提出了适用于稀性泥石流和黏性泥石流的流速经验公式：

$$v_c = \frac{1}{n} H^{3/4} J^{1/2}$$

（2-11）

④费祥俊等通过对泥石流运动阻力的分析，根据西南地区各黏性泥石流沟的实测统计资料，提出了涉及参数较为全面、有一定普遍意义的黏性泥石流流速计算公式，建立了曼宁系数与泥石流固体浓度、颗粒组成以及泥深、坡降的关系。该方法考虑了黏性泥石流浓度、坡降以及颗粒组成等对泥石流阻力的影响，包括的因素较为全面）（费祥俊，2003）。

$$v_c = \frac{1}{n} H^{2/3} J^{1/2}$$

（2-12）

$$\frac{1}{n} = 1.62 \left[\frac{C_V(1-C_V)}{\sqrt{HJ}d_{10}} \right]^{2/3}$$

（2-13）

式中，C_V为泥石流固体体积浓度；J为沟床坡降；d_{10}为泥石流中固体物质含量为10%的颗粒粒径，作为反映细颗粒泥沙含量的一个指标。

3. 基于能量损耗的计算公式

王兆印（2001）在室内开展了水流冲刷沟床沉积物发展形成两相泥石流的试验。研究发现，坡降和液相流速h发生推移质运动，坡降和液相流速大时水流激发颗粒运动聚集在前部，大量卵石开始运动形成泥石流；形成泥石流的临界坡降与沟床卵石粒径的2/3次方呈正比；泥石流头部隆起高度与头部卵石粒径呈正比；泥石流中小卵石的瞬时速度高而大卵石的平均速度高，小颗粒总是碰撞前面的大颗粒而降低速度或停止，因此对颗粒运动的能量进行分析，建立了龙头运动的能量理论和泥石流龙头运动速度计算公式：

$$v_c = 2.96 \frac{\rho_s - \rho_f}{\rho_f} \cdot \frac{q}{C_{vd} h_d \left(1 - 20J + 12.6 \frac{\rho_s - \rho_f}{\rho_f}\right)}$$

（2-14）

式中，ρ_s为固体颗粒密度；ρ_f为液相密度；q为清水单宽流量；C_{vd}为龙头内卵石的体积比浓度（只包含推移质）；h_d为龙头高度；J为沟床坡降。

4. 基于超高和爬高的计算公式

泥石流过弯道时在离心运动的作用下，会产生凸岸泥面降低、凹岸泥面升高的超高现象。泥石流弯道的超高值与泥石流的流速、弯道曲率半径、弯道宽度有关。因此，根据离心运动的原理，利用现场调查得到的弯道沟壁处的泥痕高差值可以推算出泥石流爆发时的流速。国内外常见的泥石流弯道超高公式及相应的流速公式见表2-1。

表2-1 国内外常见的泥石流弯道超高公式

超高公式	流速公式	适用条件	参考文献
$\Delta h = kBv^2 / (Rg)$	$v = \sqrt{\Delta h Rg / 2aB}$	稀性泥石流	水山高久和上原信司（1985）
$\Delta h = B(\dfrac{v^2}{gR\cos\theta} + \tan\varphi)$	$v = \sqrt{(\dfrac{\Delta h}{B} - \tan\varphi)\, gR\cos\theta}$	黏性泥石流	周必凡等（1991）
$\Delta h = B(\dfrac{v^2}{gR} + \tan\varphi + \dfrac{c}{H\gamma\cos^2\theta})$	$v = \sqrt{(\dfrac{\Delta h}{B} - \tan\varphi - \dfrac{c}{H\gamma\cos^2\theta})\, Rg}$	黏性泥石流	蒋 忠 信（2007）
$\Delta h = B(\dfrac{v^2}{gR} + \tan\varphi)$	$v = \sqrt{(\dfrac{\Delta h}{B} - \tan\varphi)\, Rg}$	稀性泥石流	
$\Delta h = \dfrac{v_2^2 - v_1^2}{2g}$	$v = \sqrt{\dfrac{1}{2}\Delta h g(\dfrac{R_2 + R_1}{R_2 - R_1})}$	稀、黏性泥石流	陈宁生等（2009）

注：Δh为弯道超高值（m）；k为弯道超高系数，常取2.0；R为弯道半径（m）；B为沟道宽度（m）；v为泥石流平均流速（m·s⁻¹）；v_2、v_1为分别为泥石流凹岸和凸岸流速（m·s⁻¹）；g为重力加速度（m·s⁻²）；H为泥石流平均泥深（m）；γ为泥石流重度（N·m⁻³）；c为泥石流黏聚力（KN·m⁻²）；β为泥面斜度（°）；θ和φ为分别为来流角和内摩擦角（°）。

泥石流运动速度快、惯性大，易于保持直线运动。当它遇到凸起的障碍物时，容易出现爬高的现象。爬高的高度是由泥石流的动能决定的。因而可以从泥石流的爬高推算泥石流的运动速度。康志成等（2004）根据动能转化为势能的原理，推导了泥石流的爬高公式：

$$\Delta H_c = 1.6\frac{v_c^2}{2g} \qquad\qquad (2\text{-}15)$$

2.6 泥石流动力特征

泥石流动力特征是指泥石流在其运动过程中触及到所有物体和下垫面时产生的一种力的作用过程，它是泥石流灾害的主要破坏力，是泥石流防治的主要对象。例如泥石流对河床的冲刷和淤积作用，对建构筑物的冲压力，在遇到阻碍时的冲起和爬高等等。

2.6.1 泥石流的冲淤特征

泥石流的冲淤过程就是泥石流和沟道相互作用的过程，其影响因素包括泥石流体性质、泥深、流量、流速、侵蚀基准、支沟泥石流、沟岸崩滑体、以及沟床和沟岸物质组成。复杂的影响因素使得泥石流的冲淤研究十分困难，多集中于定性描述。

从泥石流流域位置的冲淤变化来看，泥石流形成区以冲为主，流通区有冲有淤，冲淤交替，堆积区以淤为主。

从泥石流的性质来看，黏性泥石流中，阵性流以淤为主，连续流以冲为主；稀性泥石流以冲为主。云南东川蒋家沟阵性泥石流的铺床过程就是黏性泥石流在整个沟床上的淤积的一种形式，其厚度可达0.5m左右，但发生黏性连续流时可出现大幅度冲刷，有时一次性冲刷可达5m；稀性泥石流的冲刷方式有3种：一是下切冲刷（下蚀），致使沟床加深加宽；二是弯道凹岸冲刷（侧蚀），致使沟道岸线侧移；三为溯源侵蚀，使临时跌坎后退。这在泥石流的防治工程设计中需要特别注意。

从泥石流规模来看，一般来说，泥石流流量大、流速快者发生冲刷，反之发生淤积。在特定情况下，部分学者提出了关于泥石流冲淤参数的定量计算公式，如基于观测数据的顺直沟道和弯道凹岸稀性泥石流冲刷深度计算式（兰州冰川冻土所）、基于无限边界理论的泥石流动床下切侵蚀深度计算公式和沟床侵蚀临界坡度公式（潘华利，2009）、基于粗化层形成、破坏理论的沟床颗粒输移公式（朱兴华，2013）、基于泥石流屈服应力特征的淤积厚度计算公式（余斌，2010）。

在泥石流沟道上修建拦沙坝等防治工程后，由于改变了泥石流沟道的纵坡、宽度或沟床边界条件，使得沟道内的冲淤发生变化。大时间尺度表现为拦沙坝上游淤积和下游冲刷，短时间尺度表现为上、下游沟道冲刷和淤积交替出现的特征。根据侵蚀机理的不同，可将拦沙坝下游侵蚀分为2种：冲击侵蚀和沟床侵蚀（田连权 等，1993）。冲击侵蚀主要发生于上下游高差较大且无护坦或护坦已破坏的拦沙坝和副坝坝址处，这种侵蚀通常形成冲刷坑。沟床侵蚀是由于过坝后的泥石流含砂率降低，侵蚀能力增强，冲刷沟道，使沟床比降变缓以适应泥石流的冲淤条件，并在拦沙坝坝址形成陡坎，威胁拦沙坝的基础稳定随着坝后消能工的广泛应用，冲刷坑已得到较好的控制，沟床侵蚀成为影响拦沙坝稳定的主要因素。

排导工程往往要改变泥石流沟道的宽度、流向和汇入主河的位置，从而直接影响泥石流的冲淤。一般而言，因人工排导工程以排导泥石流流体为主，所以主要发生冲刷作用。但在部分地区也可能发生淤积作用。如导流堤改变流向时，主流顶冲处会发生强烈冲刷，远离主流的导流堤内将发生明显堆积；改变入口位置后，若沟道长度缩短，侵蚀基准下降，则会发生大幅度冲刷，反之则会出现大量堆积。因此，在修建排导工程时，需对其可能引起的冲淤要有一个正确评价，否则会影响工程的正常运行和减灾效果。

2.6.2　泥石流的冲击特征

高速运动的泥石流挟带大量的石块，甚至有粒径超过10m的巨石，对障碍物产生巨大的冲击力。冲击作用是泥石流成灾的3种方式之一，也是破坏力最为巨大的一种，往往给其冲击范围内的房屋、桥梁等造成毁灭性的破坏。因泥石流冲击力研究在泥石流防治工程中的重要性，国内外科学家在野外对泥石流的冲击力开展了许多观测研究。章书成和袁建模（1985）1973～1975年在蒋家沟采用电感式冲击力仪实测了泥石流的冲击力，1975年共测69次，其中龙头正面冲击的有35次，量级均在195kPa以上，这中间又有11次量级在920kPa上，其余34次的量级均在195kPa以下1982～1985年，章书成、陈精日和叶明富改进了测量仪器，又测得了59个泥石流冲击力过程线（吴积善 等，1990），测量值多在1000ka左右，其中最大值超过5000kPa（仪器的满度量程为5000Pa）。2004年，胡凯衡等利用在云南蒋家沟建立的泥石流冲击力野外测试装置和新研制的力传感器以及数据采集系统，首次测得了不同流深位置、长历时、波形完整的泥石流冲击力数据，测得最大冲击力为3110kPa。

泥石流冲击力的计算方法可以分为水力学方法和固体力学方法。水力学方法根据流体动压力的计算原理，对一般流体动压力计算公式修改得到（吴积善 等，1993）：

$$p = K\rho_c v_c^2 \tag{2-16}$$

式中，p为单位面积上的流体压力；ρ_c为泥石流密度；v_c为泥石流平均流速；K为泥石流不均匀系数，K为2.5～4.0。

计算泥石流中大石块的冲击力则要采用固体力学的方法。例如，采用弹性力学的石块冲击力计算公式：

$$P_d = \rho_s A v_c C \tag{2-17}$$

$$或 P_d = \frac{Q v_d}{T} \tag{2-17}$$

式中，ρ_s为石块比重；A为石块与被撞击物的接触面积；C为撞击物的弹性波传递速度（石块一般可取C为4000m·s^{-1}）；v_d为石块运动速度；T为大石块和坝体的撞击历时，按1s计算；Q为石块重量。

陈光曦等（1983）借鉴船筏与桥墩台撞击力公式来计算泥石流冲击力：

$$P_d = \gamma v_c \sin\alpha \sqrt{\frac{Q}{C_1 + C_2}} \tag{2-18}$$

式中，α为被撞击物的长轴与泥石流冲击力方向所形成夹角的大小；C_1、C_2分别为巨石及桥墩圬工的弹性变形系数，采用船筏与桥墩台撞击的数值为$C_1+C_2=0.005$；γ为动能折减系数，对于圆端属正面撞击，采用$\gamma=0.3$。

何思明等（2007）考虑泥石流碰撞时的弹塑性变形，提出了泥石流石块冲击力计算的弹塑性公式。但是，该公式比较复杂，需要的参数比较多。

2.6.3 泥石流弯道超高与爬起

由于泥石流流速快，惯性大，因此在弯道凹岸处有比水流更加显著的弯道超高现象，弯道超高分2种情况；一种是当凹岸是平缓斜坡时，泥石流紧靠凹岸一侧，流速较快，流体增厚，而接近凸岸一侧，流速变慢，流体变薄。另一种凹岸是陡壁时，泥石流不仅产生弯道超高，而且在凹岸底部还会产生强大的环流，对于凹岸有极大的冲击破坏作用。根据弯道泥面横比降动力平衡条件，推导出计算弯道超高的公式：

$$\Delta h = 2.3 \frac{v_c}{g} \lg \frac{R_2}{R_1}$$

（2-19）

式中，Δh为弯道超高；R_2为凹岸曲率半径；R_1为凸岸曲率半径；Vc为泥石流速度。泥石流流动中若遇到反坡，由于惯性作用，它仍然沿直线前进，我们称这种现象为爬高。若遇反坡地形不高时，泥石流就翻越过去，并继续前进；若遇反坡地形很高时，泥石流因地面磨阻影响，流体铺开、变薄，流速迅速降低，最后停止运动，泥石流行进中若突然遇阻或沟槽突然束窄，由于其动能在瞬间转变成势能，在泥石流与沟壁撞击处可使泥浆及其包裹的石块飞溅起来，我们称这种现象为冲起。据观察，假定泥石流流速为v，那么泥石流最大冲起高度，根据动能转化为位能的观点可表达为：

$$\Delta H_c = \frac{v_c^2}{2g}$$

（2-20）

泥石流在爬高过程中由于受到沟床阻力的影响，其爬高 ΔH_c。

$$\Delta H_c = \frac{\alpha v_c^2}{2g}$$

（2-21）

式中，α为迎面坡度的函数。利用式（2-21）计算冲起高度偏小于观测值。其原因是我们在观测时把龙头的运动速度作为整体运动来观测的，而实际上龙头中部的流速远远大于龙头的整体流速。所以计算值往往小于实测值，这样根据观测数据资料，将式（2-21）乘以1.6的系数，即可作为泥石流冲起高度的近似计算公式（迎面坡度90°，$a=1，0$），即：

$$\Delta H_c = \frac{1.6 v_c^2}{2g}$$

（2-22）

2.7 泥石流堆积特征

2.7.1 泥石流堆积过程

泥石流的主要特征包括充分饱和、密度大、精切力大、黏度高、固体颗粒组成不均匀等，这些特征使得泥石流存在较大的屈服强度，可以抵抗一定的剪切力，泥石流自流域源区启动，流经河沟谷的过程中，延长沟谷坡积物在高速运动的泥石流冲击作用下进一步被侵蚀，大量沟谷坡积物加入泥石流中一起向下搬运，此时泥石流的驱动力远大于泥石流所受的外部阻力和内部屈服力，泥石流主要以侵蚀作用为主，在泥石流高速运动的过程中，流域沟床形态不规则和流体中粗大固体颗粒的相互摩擦与碰撞给流体带来强烈的扰动形成紊流。泥石流体中的粗颗粒在碰撞应力和静浮托力的共同作用下，漂浮在流体表面或裹挟于泥石流流体内部。随着中下游沟道变缓，泥石流速度逐渐降低，运动的泥石流已经无法同时搬运全部的石块和泥沙，部分的粗颗粒开始停留在沟谷。当泥石流进入下游，宽阔沟谷的堆积沟段，或者在流域沟口，沟床坡度的变化使得泥石流流体的驱动力急剧减小，加之沟谷变宽，泥石流的深度降低，阻力增大。此时，泥石流的驱动力小于其所受的外部阻力和内部屈服力，速度减小，泥石流流体逐渐堆积在下游沟道或扇面。

黏性泥石流和稀性泥石流的堆积过程有显著差异。据田连权等（1993）的研究表明，黏性泥石流在堆积的过程中，粗大颗粒受到的浮托力减小，漂浮在泥石流表面或者悬浮于泥石流流体中的粗颗粒开始逐渐下沉，或者转变为沟床推移质。粗颗粒在下沉作用下逐渐集中，颗粒之间的碰撞、接触频率增加，泥石流流体中的结构力（咬合力）变大，当泥石流的运动速度减小到无法使整体向下游运动时，阵性泥石流从边缘的部分堆积逐渐过渡到整体堆积，流体中的物质缺乏分选性。稀性泥石流进入堆积沟段或者流域沟口，由于水和悬移质所形成浆体的切应力远小于黏性泥石流，缺乏黏性泥石流的结构特征，运动速度减小时，泥石流中的粗大颗粒首先转变为沟床的推移质向下游搬运，粗大的推移质之间的碰撞、接触频率增加；当运动速度进一步减小时，浆体中的推移质向下游运动的力逐渐减小，沟床的推移质开始部分叠置堆积、而浆体和较细颗粒则继续向下游运动，泥石流的泥深逐渐减小，直到泥深为零时完成泥石流堆积。在稀性泥石流的堆积过程中流体的物质发生了明显的分选性。

泥石流堆积物是泥石流活动的产物，客观地记录了泥石流的性质、规模、强度和频率，是揭示泥石流活动历史，鉴定泥石流的各种特性，还原泥石流成灾环境，预测泥石流发展趋势的重要科学证据。以形成的时间尺度来划分，泥石流堆积物可以分为古泥石流堆积物、老泥石流堆积物和新泥石流堆积物3类。一般来说，有人类文字记录以前的泥石流堆积物可归为古泥石流堆积物，时间尺度大约为几十万年到几千年之前。老泥石流堆积物一般为上千年和上百年之间泥石流活动的产物。新泥石流堆积物为近期发生的泥石流事件产生的，时间在几十年之间。古泥石流堆积物和老泥石流堆积物的结构和特征不仅受泥石流本身性质和结构的影响，而且后期环境气候的变化和山洪滑坡等其他地貌过程的干扰都会对原始的泥石流堆积物产生显著影响。下面所讲的泥石流堆积物粒度分布和结构特征主要针对新泥石流堆积物，没有受外界太多的干扰的典型特征。

2.7.2　堆积物的粒度分布

泥石流堆积物的粒度分布和粒序反映了泥石流中固体物质的运移方式。泥石流堆积物是运动泥石流流体在停积过程中逐渐失水而成。塑性和黏性泥石流堆积物基本上是运动的泥石流整体停积或成层堆积而成。因此，堆积体的组成与相应流体的组成大体一致，与源地土体的组成也相差不大。

田连权等（1993）对比分析了云南蒋家沟、盈江浑水沟和四川黑沙河的黏性泥石流堆积物与相应泥石流流体和源地土体的粒度分布，发现三者之间基本一致。蒋家沟泥石流堆积物、泥石流流体和源地土体粒度分布均为双峰型，第一峰值在$-4\Phi\sim-3\Phi$（$\Phi=-\log_2 D$，D为颗粒的直径），第二峰值在$8\Phi\sim10\Phi$；浑水沟泥石流堆积物、泥石流体和源地土体粒度分布均为单峰型，前者峰值在$-4\Phi\sim-3\Phi$中，后两者的峰值在$-3\Phi\sim-2\Phi$，即堆积物的粒度比泥石流流体和源地土体粗一些。稀性泥石流在停积失水形成堆积物的过程中，不同粒径的固体颗粒会发生分选性沉降。悬移质部分呈整体压缩沉降堆积，粒径较大的推移质呈分选性沉积。因此，稀性泥石流堆积物的机械组成同时受流体的组成和输移能力的影响，具有一定的分选性。

堆积物的组成主要取决于泥石流的输沙能力和沉积环境，与源地的关系远不及黏性泥石流堆积物密切。随着堆积区比降的增大，堆积物的粒度与流体中土体的粒度之间的差异增大，随着比降的减小，两者之间的差异逐渐减小。

描述泥石流堆积物的粒度特征的参数大致有以下几种：

（1）平均粒径

$$M_z = \frac{\Phi_{16} + \Phi_{50} + \Phi_{84}}{3} \tag{2-23}$$

式中，M_z为样本的平均粒径；Φ_{16}、Φ_{50}、Φ_{84}分别是质量比例为16%、50%、84%所对应的粒径。平均粒径的差异性可以反映泥石流形成的能量环境的不同，及搬运营力的平均动能。

（2）分选系数

$$\delta = \frac{\Phi_{84} - \Phi_{16}}{4} + \frac{\Phi_{95} - \Phi_5}{6.6} \tag{2-24}$$

式中，δ表示分选系数；$\Phi95$是质量比例为95%所对应的粒径。它表示颗粒大小的均匀程度。分选系数反映粒度的分选状况，分选系数愈小，分选度愈好；分选系数愈大，则相反。规定分选级别的标准为：分选极好（<0.35），分选好（0.35～0.50），分选较好（0.50～0.71），分选中等（0.71～1.00），分选较差（1.00～2.00），分选差（2.00～4.00），分选极差（>4.00）。

（3）偏度

$$S = \frac{\Phi_{16} - \Phi_{84} - 2\Phi_{50}}{2(\Phi_{84} - \Phi_{16})} + \frac{\Phi_{5} + \Phi_{95} - 2\Phi_{50}}{2(\Phi_{95} - \Phi_{5})} \tag{2-25}$$

式中，S为偏度值。偏度用来判别粒度分布的不对称程度，等级界限分为五级：很负偏态（-1～-0.3），负偏态（-0.3～-0.1），近于对称（-0.1～0.1），正偏态（0.1～0.3），很正偏态（0.3～1）。

（4）峰度

$$K = \frac{\Phi_{95} - \Phi_{5}}{2.44(\Phi_{75} - \Phi_{25})} \tag{2-26}$$

式中，K为峰度值；$\Phi75$、$\Phi25$分别是质量比例为75%、25%所对应的粒径。峰度是用来衡量粒度频率曲线尖锐程度的，也就是度量粒度分布的中部与两尾端的展形之比。峰值的等级界限为：很平坦（<0.67），平坦（0.67～0.9），中等（正态）（0.90～1.11），尖锐（1.11～1.56），很尖锐（1.56～3.00），非常尖锐（>3.00）。

2.7.3 堆积物的结构和构造

泥石流流体在形成堆积物的过程中，不同粒径的颗粒在重力和颗粒间力的作用下，在垂向上可能发生分选作用，导致空间排列发生改变，形成一定的层理结构。大多数泥石流研究者对泥石流暴发后野外堆积物剖面的层理结构描述，基本上可分为5类：

（1）递变层（正粒序）：由于泥石流沉积时重力分选作用，粗大砾石缓慢下沉而形成正粒序，多半为稀性泥石流堆积的层理结构。

（2）混杂层（混杂粒序）：由于高黏性介质内部阻力的作用，颗粒呈杂乱无章堆积的混杂粒序，多半为黏性泥石流体堆积的层理结构。

（3）倒粒序：由于颗粒在低黏性介质中的离散力大于黏性阻力，颗粒呈倒粒序结构，多半为过渡性泥石流堆积的层理结构。

（4）粗化层：泥石流堆积后期被水冲刷，堆积层表面的细颗粒大部分被流水带走，使表层粗化，留下的粗颗粒（砾石）呈无序堆积的层理结构。

（5）底泥层：在泥石流堆积物底部具有较薄的富含粉砂和黏粒堆积的层理结构，此外，一些塑性泥石流堆积物还存在一种所谓的筛积层理结构。筛积层理结构的特点是在筛积层表面往往有8mm砾石累积的现象，而下层砾石则一般很少分选，它的平均粒径显著小于表面，在该层中颗粒无明显的垂直变化。

　　泥石流堆积物的构造是指泥石流堆积体中各种土体颗粒组合排列的形式。它是泥石流堆积过程中的产物，既记录了堆积过程的环境，也残留着运动的某些特征，主要取决于泥石流的性质、组成、运动特性和沉积（堆积）环境。泥石流的堆积构造分为原生构造和后生构造。原生构造能生动地反映沉积物搬运、堆积时的流态和沉积机制，后生构造与沉积介质活动无直接关系。由于泥石流是一种黏滞性很大的流体，其暴发和沉积有突然性，颗粒大小悬殊，堆积时下垫面又十分粗糙，因此，一些同生层面构造不是很平整的，经常表现为弯曲度很大的袋状或假整合接触。每次泥石流堆积物质来源、动力条件和浆体流态的变化，以及沉积后的间歇、冲刷、风化等，都会在2次泥石流堆积体之间造成不同清晰度的界面。

　　崔之久等（1996）分别从微观和宏观上系统阐述了泥石流堆积物的构造类型和特征。泥石流沉积的微构造是指光学和电子显微镜下（10～1000倍）所揭示的泥石流各组成物质（包括卷入的外来物体）在空间上的排列、分布和填充方式。黏性泥石流的常见微构造有以下几种：

　　（1）水平流动构造：粗颗粒沿水平方向定向很好，流纹为水平连续型，其中气孔也多被拉长或呈定向排列。

　　（2）波状流动构造：粗颗粒呈连续的波动状排列，颗粒定向较好，在玫瑰图上为锐角双瓣型，流纹多为规则波状，也有不规则波状者。

　　（3）不规则波状流动构造：粗颗粒呈断续的不规则波动状排列，颗粒定向较差，在玫瑰图上为相对集中的多瓣型，细颗粒纹层不明显，为不规则波状流纹。

　　（4）交织构造：粗颗粒沿流向作相互穿插、交织状排列，流纹为发育不明显的不规则波状或散碎状。颗粒定向差，在玫瑰图上为发散的多瓣型或钝角双瓣型。

　　（5）块状构造：粗颗粒杂乱分布，颗粒定向很差或无定向，细颗粒无流纹发育或呈散碎流纹，其中气孔也多为杂乱分布的不规则巨孔。

　　（6）绕流构造：指流纹在粗颗粒的一侧作挠曲状、帚状、S形或反S形分布。流纹的这种弯曲可发生在粗颗粒上侧或下侧和几个排列较紧密的粗颗粒之间。流纹一般为连续型，有时为连续规则波状。

　　（7）分流构造：流纹在粗颗粒的两侧同时作挠曲分布，粗颗粒在迎流面好似将流纹分开。在背流面，流纹于粗颗粒之后又会合，会合点与粗颗粒往往还有一段距离，此空间中为无流纹特征的杂基充填，称为粗颗粒的背流区。

　　（8）泥球构造：为粒径0.5～5mm的浑圆的黏土球，内部结构随原始黏土结构变化。它是宏观上的泥球构造在微观上的表现。很可能是气泡被充填的结果。

　　（9）捕房体构造：细小的树叶、枝或草根等外来物在泥石流中的排列，常与其他粗颗粒一道作定向分布。

　　（10）贴边构造：粗颗粒微微下陷，使其下部浆体轻微变形，黏土等片状细颗粒平行于粗颗粒下缘排列成薄层，好似给粗颗粒贴了一个黏土边。

　　（11）半环状构造：粗颗粒下陷比较大时，其下浆体变形范围扩大，常迫使其中较小的颗粒面围绕粗颗粒下方作半环状排列。

黏性泥石流沉积的微构造与泥石流动力体系密切相关。黏性泥石流运动中颗粒主要受到摩擦力、碰撞应力、紊动力、重力、浮力和黏滞力等作用。层流运动中，剪切作用（摩擦力和黏滞力）是最基本的动力作用，它的效果就是使颗粒沿剪切方向产生定向排列。紊流运动中，紊动力和粒间碰撞力是最基本的动力作用。它的效果就是扰动，破坏颗粒的定向，使浆体结构构造趋于随机。因此，形成微构造的主要作用就是剪切作用和紊动作用。两者的相对强度和绝对强度以及分布状况将左右微构造的形成、特征和分布与黏性泥石流相比，稀性泥石流微构造相对简单，最主要的特征是大量发育粗糙层理构造。它往往也是宏观上的粗层理构造的一部分，其特点是颗粒产生一定程度的分选，形成粗糙的层理构造。其次是沉积定向构造，其特点是缺少细颗粒，粗颗粒有较好的定向性。泥石流沉积的宏观构造是指其组成物在空间上的排列组合方式所显示出的构成特征。根据崔之久等（1996）的研究，下面按泥石流的类型来介绍常见的宏观沉积构造。

2.7.3.1 稀性泥石流

石线构造：石线构造是稀性泥石流的典型宏观构造，平面上呈垄岗状沿流向延伸，可有多道，延伸距离数十米至数百米。沿纵剖面，由上游到下游砾石略有减小，扁平砾石呈叠瓦状低角度向上游倾斜。底面为一冲刷面，横剖面呈透镜状，顶面和底面均起伏不平。

叠瓦构造：以扁平砾石为主的稀性泥石流，其堆积砾石呈叠瓦状，扁平面倾向上游。它与河流相砾石的不同在于稀性泥石流堆积砾石分选差，磨圆差，内部可有大量棱角状至次棱角状的特别粗大砾石。此外，顶面起伏不平，有大砾石突出，底面亦起伏不平。

砾石支撑构造：稀性泥石流在扇形地上搬运力减小而卸荷，使大量粗碎屑迅速堆积细粒部分继续流动离开粗粒沉积。首先快速堆积的粗碎屑形成砾石支撑—叠置构造。粗碎屑堆积体一般在扇形地交会点以上附近，往往构成扇形地沉积的筛积物，内部孔隙发达，允许水和细粒物质通过，阻挡后来的粗碎屑。

块状表泥层：系分异的细粒浆体沉积，平面上呈片状沉积在扇形地交汇点以下。由于碎屑含量较高，沉积迅速，一般呈块状构造。有时显示正粒级构造。

2.7.3.2 过渡性泥石流

弧形构造：泥石流边缘砾石在停积时受挤压剪切而成的定向构造，最大扁平面环绕主流线倾斜。另外，剖面中尚有一种巨砾周围的层流绕流形成的流线构造，或称绕流构造。

反—正粒级层理：过渡性泥石流剖面特征，上部的正粒级是重力分异的结果，下部的反向粒级是层流剪切的结果。

叠瓦—直立构造：含有大量扁平砾石、密度较高的亚黏性泥石流中砾石扁平面的倾角由底向顶变大，在层的上部甚至直立。这是底部层流剪切到顶部星悬格架结构的沉积结果。

2.7.3.3　黏性泥石流

环状流线构造：指平面特征，系阵性泥石流推挤剪切的结构。

反向粒级层理：剖面特征，为层流剪切的结果。扁平砾石倾角由底向顶变大，泥质基底支撑，反映剪切差由下向上减小。黏性泥石流中仅靠浆体的结构力支持的砾石一般呈直立状态。因此，黏性泥石流层上部的砾石多直立。

反粒级—混杂构造：寒流态黏性泥石流沉积的典型剖面特征。泥质基底支撑。底部的反粒级层可见平缓波状层理，系层流剪切的结果。

成泥—混杂构造：塑性滑动流态泥石流的沉积构造。底泥层有时显示流纹层理治非侵蚀性底面平缓地延伸。混杂层内物质无分异，呈泥包砾结构。

楔状尖灭体构造：剖面中无侧向变化形式，无论垂直还是平行流体切剖面，泥石流层以突然楔形尖灭的方式变化。它是结构性泥石流可以保持陡峭边缘的体现（李思田，1988）。

2.7.4　堆积体形态特征

在野外考察中可以发现，泥石流堆积体具有自身特定的堆积形态，沉积物确有大小混杂、泥砾、漂砾、擦痕、磨光面、磨圆度差等现象，这些情况与一些学者在文献中谈到的山区冰碛物有某些相似之处。然而在泥石流堆积地貌的研究中，泥石流具有确定的地貌形态，其主要类型有4种：沟谷堆积地貌、舌状堆积地貌、锥形堆积地貌和扇形堆积地貌。

2.7.4.1　沟谷堆积地貌

主要指泥石流沟道内所堆积的粒径大于1m的砾石凌乱分布而形成的泥石流地貌，主要有巨大砾石组成的心滩，有的长数十米，宽十余米，高不足十米。滩体上游部分巨砾的长轴与扁平面倾向基本一致，倾向心滩两侧的沟道上游，下游部分巨砾主要倾向下游，沟床内泥石流体呈长条分布，多发育在沟侧，长度大的可达到百米，为泥石流侧积堤堆积。这是由于高速流动的泥石流沿沟床停积，砾石长轴与扁平面较一致并倾向上游，长轴以小于45°的角度与主流线相交，呈线条形排列；砾石呈叠瓦状排列。当巨大砾石阻塞了狭窄的沟道，原主沟道分流或改道，则沿巨砾下游的新沟道一侧堆积，易形成次一级粒径的砾石叠瓦组构，扁平面倾向下游。

2.7.4.2　舌状堆积地貌

在黏性泥石流分布区，暴雨后往往见到从山谷支沟里一股股泥石流舌状体谁在沟口，有的直接停积于山麓沟口，或叠置于大扇形体的上方。舌状体规模大小不一，面积数十平方米至数百平方米。但舌状体边界十分明显，与下伏地面交角多大于40°舌状体周围往往有边界不定的滩地分布，主要是暴雨泥石流薄泥层堆积。舌状体上有围绕主流方向，向下游突出的多级弧形阶梯及陡坎。陡坎两侧向上游收敛，阶梯相对高度与阶梯面中部的宽度向下游逐渐增大。舌状体上粗大砾石多集中分布于每个弧形阶梯的边缘，各阶梯的中后缘颗粒变小，以弧形舌前端的粒径最大；分布于舌状体两侧的粗大颗粒长轴方向多近于平行流向，并倾向上游，但倾角较小；分布于中部的粗大颗粒长轴方向与流向的交角逐渐增大，至中部以与流向垂直者为多，但亦有部分颗粒长轴与扁平面倾向上游、倾角近于90°。这与舌状体前部泥石流流速快、砾石受到挤压作用有关，致使呈高角度翘起。

2.7.4.3　锥形堆积地貌

在山区陡坡段的坡面上方，由于有大量松散物质存在，当暴雨来临时将沿坡面沟道冲刷至坡麓，形成泥石流锥体。锥体面积一般不超过数十平方米，锥面纵坡度大于200，其上弧形阶梯不十分明显，锥体与下伏面交角小，锥体两侧没有边界条件的限制，砾石也没有一定的排列特点，锥边呈扇形，砾石堆积于锥形两侧分别沿坡倾向下游。

2.7.4.4　扇形堆积地貌

较大规模的泥石流暴发时，大量碎屑物质沿较长的河谷到达沟口以后，由于坡面开阔、平缓，往往形成扇形堆积体，称为泥石流堆积扇，是最典型的泥石流堆积体形态。扇形堆积体纵剖面均为凸形，中上部坡面较陡，边缘十分平缓、一般只有几度；扇面轴部常发育有主沟道，且由于泥石流暴发凶猛，流体溢出沟道流向低平处。这样长期加积，加上沟道迁移，逐渐形成山前的泥石流扇形堆积体；当泥石流溢出沟道两侧时，形成沟道两岸的泥石流侧积堤，侧堤溃决，堤外堆积成泥石流决口扇。扇形堆积体中部及沿沟道的扇形堆积体上，砾石产状与主沟道内的砾石产状相似，扇形堆积体边缘的砾石一般多倾向下游，粒径也逐渐变小，沉积物层理逐渐明显。

泥石流堆积扇的形成是很复杂的，它是流体性质、地形变化（基准面）、流态等要素综合作用的结果。一种情况是，泥石流出山口的高程组成了上游山区山洪的局部侵蚀基准面，随着冲积扇的加积扩大、扇尖河床高程不断上升，引起上游河床的淤积，使来沙量减少。当来沙量减少到一定量时，流体转而下切，使堆积扇形成一个深槽，把泥沙推向下游。深槽下切到一定程度后，事物的发展又转向反面——上游来沙量随着侵蚀基准的下降而不断增加，转而引起沟槽的回淤和老扇的进一步淤高。这两种交替周期变化必然反映在泥石流的堆积形态上。另一种情况是水流的变化。在堆积扇上的流体不是成片漫流，便是分散成股下泄，一处淤高之后，又向低处转移或冲出另一处新槽。泥石流这种长期摆动的结果，使得冲积扇高高低低，极不平整，出现许多微地貌类型。

稀性泥石流在堆积扇上向下运动时，随着坡高逐渐降低，流速减小，首先落淤的是它携带的漂砾，然后是中、粗砾石；稀性泥石流停积后，从粗砾石中挤出的泥浆向下漫流，成为泥流；泥流停积后又从泥沙中吸出水分，汇集成细流汇入主河。为了更好描述泥石流堆积扇的特征，常用堆积长度L、堆积宽度B、堆积厚度W和堆积面积S等指标进行定量描述。

泥石流堆积扇面积一般不会很大。据美国Anstery统计的近2000个冲积扇的结果，大部分近代冲积扇的半传变化在1.6～1.8km，相当于面积在8～200km^2（钱宁，1989）。干旱地区的泥石流堆积扇比起半干旱地区的间歇性河流的冲积扇显得更小，例如，根据甘肃天水地区5条沟和云南东川小江流域55条沟的泥石流堆积扇面积的资料，泥石流堆积扇面积在0.01～2.88km^2，只有间歇性河流冲积扇的1/50～1/100。

泥石流堆积扇纵向特征主要表现在它的纵向坡度（简称"纵坡"）变化。一般来说，泥石流堆积扇纵坡普遍的规律是：泥石流堆积扇>洪积扇>冲积扇。野外大量的资料统计表明，泥石流堆积扇的纵坡从扇尖到扇缘有2～3个纵坡段。野外61条沟的统计资料表明，泥石流堆积扇的纵坡在上部为8%～10%，中部为5%～6%，在下部为3%以下（Kang，1997）。又据唐川的统计，泥石流堆积纵坡1°～9°，其中20～7为主，占统计总数的92%，特别集中在40～50（唐川等，1993）。

一般来说，流量越大的河流，其河床的坡降越小。冲积扇的坡度似乎也遵循同样的规律。当径流量是因流域面积的扩大而增大时，冲积扇的纵剖面则越趋于平缓，使冲积扇的纵坡与流域面积间表现为反比关系。

大量野外考察资料表明，泥石流堆积扇和半干旱山区间歇性河流的冲积扇有类似之处，即横剖面为凸形，纵剖面为上凸形居多。堆积扇的宽度和长度同样受流域面积控制，而流域面积又是产流的重要因素，所以流域面积越大，堆积扇的长度和宽度也越大；反之亦然。

第3章 泥石流灾害效应

3.1 泥石流危害方式

3.1.1 泥石流本身的危害

泥石流的危害方式包括接触式危害和非接触式危害。接触式危害是指泥石流与受害体直接接触所造成的危害，包括泥石流的冲击、冲刷、淤埋和堵塞造成的各类危害。

3.1.1.1 冲击危害

泥石流的冲击危害是泥石流及其所携带的大块石直接碰撞或撞击流经道路上的建（构）筑物所造成的危害。泥石流的冲击危害是十分严重的，往往造成铁路、公路路基，桥梁、涵洞，引水渠道、渡槽、挡坝，房屋和其他建筑物的毁坏或损坏。

3.1.1.2 冲刷危害

泥石流的冲刷危害是泥石流的强烈震动和巨大的携带泥沙的能力造成的对沟底、沟岸和沟源的剧烈掏刷，致使建（构）筑物、农田与环境所遭受的危害。

1. 沟底冲刷（下切侵蚀）的危害

1981年，四川境内成昆铁路上疙瘩大桥沟和上疙瘩中桥沟暴发泥石流时，一次下切深度达7～13m，致使桥台和桥墩基础暴露，给大桥的安全带来严重威胁；莲地隧道顶部6号沟（迤布苦沟）暴发泥石流时，一次下切深度达13m，若按此冲刷速度发展，隧道也可能被切穿，因此必须加以整治。

2. 沟岸冲刷（侧蚀）的危害

泥石流沟谷往往形成宽浅型河床，不仅游荡性强，而且曲流发育，因此泥石流对弯道凹岸的侧方侵蚀作用十分强烈。当弯道凹岸有足够超高时，泥石流通过掏刷可能摧毁护岸、护堤和岸上建筑物。

3. 沟源冲刷（溯源侵蚀）的危害

泥石流的冲刷危害主要发生在泥石流的形成区和形成流通区。

沟源冲刷往往以沟底冲刷为先导，当沟底冲刷强烈进行时，沟源因水力侵蚀和重力侵蚀作用不断加强而不断向分水岭后退，造成泥石流的强烈冲刷。由于沟源十分陡峻，往往建筑物较少，对建筑物的破坏相对较小，但重力侵蚀的发展，不仅会给泥石流提供更多的松散碎屑物质，使泥石流规模和破坏能力加大，而且也会导致沟源生态环境的严重破坏。

3.1.1.3 淤积（埋）危害

淤积（埋）危害是泥石流遇阻后发生堆积，在堆积过程中埋没建（构）筑物、房屋、农田等所造成的危害。遭泥石流淤积（埋）危害最严重的主要为交通干线、车站、房屋和农田等。

3.1.1.4 堵塞危害

泥石流的堵塞危害是指泥石流堆积物堵塞主河或堵塞自身流动通道所造成的危害，大致有下列数种。

3.1.1.4.1 堵塞桥涵的危害

铁路、公路通过泥石流沟时，往往设桥或设涵通过。当泥石流含有粗大石块或规模较大时，受通过能力限制，往往在桥、涵处发生堆积，堵塞桥孔与涵洞，导致泥石流漫上桥、涵与路基，淤埋铁路、公路，造成断道而中断行车，甚至造成桥、涵和路基的毁坏。泥石流堵塞桥涵的危害，一般发生在泥石流的堆积区。

3.1.1.4.2 堵塞自身通道的危害

泥石流沟谷下游，尤其是山口外的主河谷地，地势相对平坦、开阔，沟道具有游荡性。泥石流流经这一区域时，往往能量消耗甚大而部分发生堆积。堆积体一旦堵塞原来的通道，后续流体便改变方向，流入新的通道继续前进。泥石流改道会给下游造成重大灾害。如四川省凉山彝族自治州（简称凉山州）西昌市黑沙河（泥石流沟）出山口后有5条通道注入主河，一旦现行通道遭堵塞，泥石流便改道进入其他通道，给其他通道的耕地和设施造成严重危害。泥石流堵塞自身通道而改道造成的危害，通常发生在主河宽谷段。

3.1.1.4.3 堵塞江河的危害

泥石流堵塞江河的危害是指泥石流堆积体堵塞或堵断主河所造成的危害。泥石流堵塞主河的危害是严重的，在堵塞的过程中，往往严重摧毁沟口的村庄、农田和其他设施，甚至对岸也难幸免；堵塞或堵断江河后，通常转化为其他灾害，继续造成严重危害（后文将详尽介绍）。泥石流堵塞主河的危害，一般发生在主河峡谷段。

泥石流的危害方式虽然以接触式危害为主，但也伴随有一定的非接触式危害。由于泥石流流动快速，尤其是滑坡或冰崩、雪崩与冰湖溃决转化或导致的泥石流，能量巨大，流速可达每秒数十米，其掀起的流动快速的巨大气浪，可导致岸上的房屋、电杆、树木和农作物的严重破坏。

3.1.2 泥石流中漂木的危害

泥石流是由泥石流浆体及其搬运的固体物质组成的多相流体，以往对其搬运的固相物质多关注于固体颗粒砂石。然而，近年来，世界范围内山地灾害暴发越加频繁，滑坡、崩塌、沟岸侵蚀等过程产生大量的漂木源[3]，并在山洪泥石流的作用下被搬运，其产生的灾害效应受到越来越多的关注，尤其是在植被较好、人口密度较大、山地灾害频发的地区，威胁附近建构筑物及人们的生命财产的安全。2003年云南德宏泥石流（图3-1）、2013年7月四川汶川草坡乡泥石流（图3-2），都搬运了大量的漂木。

图3-1　2003年云南德宏泥石流携带大量漂木

图3-2　2013年四川汶川县草坡乡泥石流

漂木作为一种显著易于砂石颗粒的搬运物，其运动堆积规律有着显著的特征，其产生的灾害效应主要表现在以下几方面。

3.1.2.1　漂木堆积加剧侵蚀作用

漂木堆积于沟道岸边、弯道等处，堆积体周围局部水流速度增大、侵蚀能力增强，从而进一步加剧沟岸的侵蚀，导致沟岸失稳、沟道加宽、弯道加剧等。漂木堆积于桥墩处则会加剧桥墩处水流对泥沙的侵蚀，从而导致桥墩失稳破坏。早在1956

年，Laursen就指出漂木在桥墩处堆积增加了桥墩的等效直径，使水流紊度增大，从而加重对桥墩的侵蚀。桥墩处有漂木堆积时的侵蚀坑深度可达无漂木堆积时的1.42～3倍。漂木堆积体的密实度是影响侵蚀效果的主要因素，漂木堆积体的纵向长度、平面分布对桥墩的侵蚀发展也有较大的影响。漂木在桥梁处堆积的主要方式为单个桥墩的堆积以及桥墩间的堵塞，其堵塞概率、堆积形态和规模受到桥梁上游沟道宽度、桥型、水流状态、漂木特征及桥梁净空高度等因素的影响。

3.1.2.2　漂木堆积导致雍水效应

漂木堵塞桥涵过水通道，导致回水淤积、水位升高，从而导致洪水泛滥面积增大、持续时间延长，加重灾害程度；水位升高也导致了水压力的增大，增加了建构筑物的荷载，严重威胁建构筑物的安全，我们将此定义为漂木堵塞导致的雍水效应。理论分析和试验研究表明弗洛德数、漂木堵塞体规模及密实度是影响雍水效应的关键参数，雍水程度随着流体弗洛德数、漂木堆积体长度的增大而增大，随着漂木堆积体直径以及堆积体密实度的增大而减小；其次，漂木的形态如枝丫、根系等对漂木堆积体雍水效应的影响也不可忽略。

3.1.2.3　漂木堆积体的溃决效应

漂木堆积体的溃决可能会带来类似土石堰塞坝溃决的灾害放大效应。据报道，1978年瑞士某流域的山洪灾害，由于漂木坝的溃决造成了3000m³/s的洪峰流量，将25000m³的漂木送进了下游水电站水库，从而导致了水电站大坝排水通道的堵塞，进而水位升高、漫顶溢流，威胁下游水电站建构筑物的安全。通过斯洛文尼亚流域2007年洪水事件的调查发现，沟道多处出现漂木堵塞体溃决现象。事实上，大规模山洪泥石流灾害事件中关于漂木堆积体溃决造成的洪峰经常被当地居民目睹，但遗憾的是翔实的调查数据仍然十分匮乏。初步的实验研究表明在顺直变宽沟道中泥石流挟带漂木形成不稳定坝体溃决后对流量的影响，漂木堆积体溃决后的洪峰流量是未形成堵塞体时的1.2倍。因此，关于漂木堆积体溃决导致的灾害效应亟须更加深入细致的研究。

3.1.2.4　漂木的冲击作用

运动中的漂木则对建构筑物具有一定的冲击力。水槽模拟以及现场模拟实验研究结果表明漂木撞击的偏心程度对冲击力有较大影响，当漂木长轴平行流线方向且垂直撞击建筑物时，造成的冲击力最大；随着建筑物刚度的增大，漂木冲击力越大，而冲击接触面的材料种类本身对最大冲击力的大小没有影响。傅宗甫等人则利用钟摆原理模拟漂木冲击漂木道的过程，采用应变式冲击力传感器直接测定了漂木的冲击力，得出单位体积内单位速度漂木冲击力只与撞击角度有关。总体而言，在山洪泥石流搬运过程中漂木对建构筑物的冲击作用不如大块石的冲击力大，灾害效应不如侵蚀、堵塞作用明显，但由于其细长的形态，容易卡在建筑物的缝隙中，在外力作用下形成力矩等附加作用从而导致结构的破坏。

3.2 泥石流危害类型

泥石流的危害类型，可分为直接危害和间接危害2类。

3.2.1 直接危害

泥石流的直接危害，是受害体直接遭到泥石流冲击、冲刷、淤埋和堵塞造成的接触式危害和泥石流掀起的巨大气浪所造成的非接触式危害等，是可用死亡人数和经济损失计算出来的危害。

3.2.2 间接危害

泥石流的间接危害，通常可分为2种：一种是受泥石流直接危害制约而外延的危害；一种是泥石流转化为其他灾害类型，由其他灾害类型所造成的危害。泥石流的间接危害十分广泛而严重，其所造成的经济损失远远超过直接危害。

3.2.2.1 泥石流直接危害外延的间接危害

受泥石流直接危害制约而外延的间接危害主要有下列几种。

1．冲埋交通干线

泥石流冲毁或淤埋铁路、公路的外延危害，包括中断行车给运营部门造成的收益的减少；物资不能及时运到急需的部门和单位而造成停工停产所形成的损失；由于交通不便、物资不畅给区域经济带来的损失等。可见泥石流冲毁或淤埋交通干线造成间接危害是巨大的。

2．冲埋工矿企业

泥石流冲毁或淤埋工矿企业，往往导致这些企业停工停产，因此其外延危害应包括受害工矿企业停工停产所造成的损失；急需这些工矿企业所产产品的相关部门和单位因生产设备或原材料不足，导致停工停产而收益下降，甚至大幅下降所造成的损失；工矿企业及相关企业产品减少和收益下降，导致人民群众生产生活物资匮乏和国家税收减少，给国家和人民群众造成的损失等。

3．冲埋村庄、农田和农田水利设施

泥石流冲毁或淤埋村庄，造成灾民无家可归。这不仅给灾民造成经济和生活上的困难，也造成精神上的冲击，从而严重影响其建设家园，发展经济的积极性，若处理不当，还可能影响社会的安定；耕地被冲毁或淤埋后，往往一部分不能复耕，一部分难于复耕，致使灾民失去了耕地；农田水利设施遭冲毁或淤埋后，导致水浇地失去灌溉，农作物严重减产等。

由上述可见，泥石流直接危害所产生的外延危害，不仅是十分广泛的，也是相当严重的，所造成的经济损失，有的虽然难于用具体数据来度量，但远远超过直接经济损失，这一点是毋庸置疑的。

3.2.2.2　泥石流转化为其他灾种的危害

泥石流在外部条件改变的作用下，可转化为其他灾种。这些灾种所造成的危害，也应为泥石流的间接危害。

1. 转化为山洪（挟沙山洪或高含沙山洪）

泥石流出山口后，大量固相物质发生堆积形成堆积扇（锥），其中一部分细粒物质随水进入主河，形成高含沙山洪或挟沙山洪。由于主河平缓、开阔，高含沙山洪或挟沙山洪中的一部分固相物质发生堆积。经过长期积累，主河被抬高，往往由窄深型河床转变为宽浅型河床，有的河床甚至高出两岸地面，形成悬河，不仅失去了泛舟之便，而且一遇暴雨便造成洪水泛滥，给两岸农田、村庄、城镇和铁路、公路及其他设施造成极为严重的危害。泥石流转化为山洪的危害，在世界各地和中国山区的泥石流多发区都能找到实例，而且是屡见不鲜的。

2. 堵江转化成其他灾种

泥石流堵塞江河，可分堵塞和堵断2种情况，堵塞程度不同，所转化成的灾种和成灾程度也不同。

（1）堵塞江河转化为掏刷河岸的危害

泥石流堵塞江河是指泥石流进入主河后形成堆积扇，占据河槽的一部分或大部分这一现象。泥石流堵塞江河后，压缩河床，迫使江河主流偏向对岸，造成主流对对岸的强烈掏挖和冲刷，导致河岸坠落和坍塌，给岸上农田、农田水利设施、交通线路、通信设施和房屋等造成严重危害；堵塞体使江河河槽变窄、流速加快，形成急流险滩，使许多本来可以通航的河流失去通航能力，从而给人类社会造成危害。

（2）堵断江河转化为其他灾种的危害

泥石流堵断江河，往往在堵塞体上游形成涝灾，堵塞体溃决形成洪灾。

3.3　泥石流危害对象

凡是处于泥石流流通道路、堆积区域和影响范围内的人类辛勤劳作所积累的劳动成果和与人类协调发展的自然（含生态）环境，甚至人类自身都是泥石流的危害对象。可见泥石流的危害对象是众多的，是各种各样的。

3.3.1 危害农田与村庄

泥石流对农田、农田基本设施和房屋与村庄的危害是十分严重的。

3.3.1.1 危害农田

泥石流危害农田的事件屡见不鲜，几乎每场泥石流，甚至每条沟暴发泥石流都会对农田造成危害。泥石流对农田的危害，包括直接冲毁或淤埋农田的危害和造成主河淤积导致的山洪对两岸农田的危害。

3.3.1.2 危害农田基本设施

泥石流对农田基本设施的危害，主要表现为对农用水库、小型水电站、水渠、护堤、机电提灌设施和其他储、蓄水设备的危害。

据调查，四川攀西地区（含攀枝花市和凉山州）南部泥石流多发区的许多小型水库，或因泥石流直接进库，或因泥石流通过主河进库，使水库成为白d装太阳，晚上装月亮的泥沙库而完全失去了灌溉能力；甘肃省陇东地区的泥石流活跃区内，控制面积小于$70km^2$的水库，年平均泥沙淤积量可达$15×10^4～20×10^4m^3$，最大可达$100×10^4m^3$，使用年限长则十几年，短则一两年即被淤满。

泥石流冲毁或淤埋水渠的危害，比比皆是，凡是穿越泥石流沟的水渠，常常不是被冲毁便是被淤埋。1981年，云南省东川市达德沟的泥石流冲毁位于沟口的由坞工砌体构成的直径达5m的团结渠渡槽，1983年的泥石流又一次冲毁改建为跨度16m的团结渠钢管渡槽和渠堤60m，1984年再一次冲毁改建后的团结渠的涵洞10m；甘肃省陇南市武都区通过甘家沟的水渠，因遭泥石流淤积而改用隧道通过，隧道长达2km，由于泥石流堆积扇不断扩大，还要经常加长隧道才能保障水渠畅通；四川省凉山州的泸沽渠等灌溉着安宁河左岸大片良田，是重要的灌渠，由于泥石流危害严重，在通过泥石流沟时，往往采用倒虹吸技术，以暗渠形式通过，保障渠道不受泥石流危害。

3.3.1.3 危害房屋和村庄

泥石流危害房屋和村庄的事件，屡见不鲜，几乎每年都有发生。据陈循谦等调查，160多年前，云南小江流域大白泥沟沟口有个100多户人家的名叫"溜落"的村庄，依山傍水，景色秀丽，层层梯田，阡陌相连，还有榨糖、水碾、盐井等作坊，小白泥沟下方也是一个郁郁葱葱，一派生机的山庄，后因泥石流频繁暴发，导致两村被泥石流堆积物所吞噬；100多年前，在大桥河现泥石流堆积扇部位，分布有深沟村、瓦房子村、段家村和鲁家村等9个村庄，48盘榨糖的作坊，集镇上有仓房和客站，曾是昭通、巧家和昆明的交通要道和物资集散地，后来由于泥石流不断发生发展，形成一个$2km^2$以上的大沙坝，将这些村庄埋没。泥石流对农田、农田基本设施和房屋与村庄的危害是十分严重的。农田是农村居民耕作的舞台和生活的主要来源，农田基本设施是农村发展农业和经济的必要的基本条件，房屋和村庄是农村居民休养生息的场所。泥石流危害农田、农田基本设施和房屋与村庄，就是危害农村居民赖以生存的基本条件，因此应给予高度重视。

3.3.2 危害工矿企业和水利水电事业

泥石流危害工矿企业和水利水电事业的事件，在各国山区都有发生，中国山区更为严重，下面分别予以分析。

3.3.2.1 泥石流危害工矿企业

在山区泥石流对工矿企业的危害是十分严重的。1986年，四川省华蓥市枧子沟发生泥石流，约（7×10^4）m^3松散碎屑物质冲出沟外，其中约（4×10^4）m^3冲入厂区，冲毁仓库、车间和部分生活设施，导致该厂局部停产，造成300余万元的直接经济损失和更大的间接经济损失。1984年5月27日，云南省东川矿务局因民矿黑山沟发生泥石流，首先冲毁因民镇红山村部分居民房屋，然后冲入矿区生活区，冲毁一座粮站、一座供销社、一座电影院，把刚修好的一幢楼房冲得粉碎，并沿途损毁小学、商店，冲埋大量生产生活物资，致死124人，停产半月，直接经济损失1100万元。

工矿企业是人口和经济高度集中的区域，是国家和当地发展经济、提高人民生活水平的支柱，工矿企业受危害，不仅给工矿企业本身造成危害，也严重制约辐射区的经济发展，应引起这些企业、当地政府和人民群众的高度重视。

3.3.2.2 危害水利水电事业

泥石流对水利和水电事业的危害是严重的，下面分别进行分析。

1. 泥石流对水利事业的危害

泥石流对水利事业的危害是指对大中型及以上水库和引水渠道的危害，目前表现较为突出的，主要是对大中型及以上水库的危害。泥石流对大中型及以上水库的危害，主要表现在以下2个方面：

一是泥沙输入水库，减小可调控水源。如北京密云水库和北京与河北间的官厅水库，是两座特大型水库，是北京市（也曾是天津市）的饮用水、生活用水、工业用水和环保用水的水源地，但由于汇入两座水库的河流流域内泥石流活动强烈，每年都有泥石流暴发，致使大量泥沙通过河流输入水库，导致水库库容缩小。

二是泥石流把大量有机物质、污染物质和动植物残体、残骸等输入水库，降低了水库水质。1989年7月28日和1991年6月10日，白河流域和白马关河流域大范围发生泥石流，把大量污染物质通过主河送入密云水库，致使水库蓄水的浑浊度、悬浮物含量、氨氮含量、化学耗氧量和生物耗氧量显著上升而导致水质降低；据调查访问，官厅水库同样存在泥石流通过主河把大量污染物质输入水库而导致水质降低的危害。像密云水库、官厅水库这样的特大型水库都遭受泥石流的危害，那么泥石流多发区，尤其是干旱和半干旱地区泥石流多发区的那些作为水源地的中小型水库，所遭受的危害必定更为严重。

2. 泥石流对水电事业的危害

前文已讨论了泥石流对以农业服务为主的小型水电站的危害，实际上泥石流对中型、大型，乃至特大型水电站的危害都是显著而严重的。如泥石流把大量泥沙石块送入主河，通过主河进入水库造成淤积，减小水库库容，缩短使用寿命，给电站造成危害。黄河干流三门峡水电站设计为特大型水电站，但黄土高原不仅水土流失严重，而且泥石流活动特别强烈，水土流失和泥石流，尤其是泥石流，把大量泥沙输入黄河，进入该电站水库，造成严重淤积，给电站的运营造成严重危害。据宜昌水文站资料，长江流经该站的泥沙量平均每年达（$5.33×10^8$）t，其中2/3来自泥石流活动十分活跃的金沙江和嘉陵江，这些泥沙将给水库造成严重的淤积危害。另据调查，三峡库区有泥石流沟271条，这些沟谷一旦暴发泥石流，一部分泥沙石块将直接送入水库，一部分将通过支流汇入水库，这些泥沙也将给水库造成严重的淤积危害。此外，泥石流暴发后，流体直接冲入大型水电站厂房，淤埋发电设备，导致停工停产的危害也曾有发生。泥石流危害水电站的事件，在山区各地都可能发生，应引起水电建设和泥石流工作者的高度重视，也应引起电站库区和影响区域广大群众的高度重视。

3.3.3　危害交通、电力与通信线路

泥石流危害铁路、公路和航道，以及电力线路和通信线路的状况是严重的，下面分别进行介绍。

3.3.3.1　泥石流对铁路的危害

中国山区面积广大，随着山区经济建设的突飞猛进，铁路不断向山区延伸，由于铁路属线性工程，穿越的河流和沟谷，尤其是穿越的沟谷众多，于是成为泥石流危害的主要对象之一。

东川铁路支线从滇黔铁路塘子车站接轨，至东川矿务局干燥车间，全长87km，进入小江河谷后的约70km线路内，有直接危害的泥石流沟28条。其中流域面积<2km²（小规模）的4条，2～10km²（中等规模）的12条，10～30km²（大规模）的10条，>30km²（特大规模）的2条。可见该线路泥石流沟中，以中等规模及以上的泥石流沟为主，占总数的85.7%；大规模和特大规模的泥石流沟所占比例很大，占总数的42.9‰这些沟如果暴发泥石流，不是冲毁桥涵、路基，就是淤埋道床、堵塞隧道，更有甚者是堵断小江，致使河水猛涨，上涨河水均为高含沙水流，不是大段大段地冲毁路基，就是大段大段地淤埋道床。

据不完全统计，中国受泥石流危害的铁路，有成昆、宝成、滇黔、南昆、达渝、

内昆、陇海（连云港—兰州）的三门峡—兰州段、兰新、兰青、包兰、宝中、阳安、西（安）（安）康、青藏、南疆等干线和东川、镜铁山、潮石、罗平、玉门、凤尚、海岫等支线。其中虽有灾害程度不同之分，但都给各线路的运营和维护造成了巨大或很大危害，同时也给铁路所在地区的可持续发展带来不利影响。

3.3.3.2 泥石流对公路的危害

随着中国山区经济建设的蓬勃发展，公路建设也获得了迅速发展，高速公路、高等级公路进山入村，形成山区的快速通道。以这些快速通道为骨干，与省道、县道和乡村公路相交织，形成了较为完整的公路交通网络，极大地促进了山区经济的发展，方便了山区群众的出行。但是山区脆弱的生态环境和人类不合理的经济活动孕育了大量的泥石流沟谷，随着公路的增多，泥石流对公路的危害也显得越来越严重。

（四）川（西）藏公路，是中国受泥石流危害最严重的线路之一。据资料，该线路中段（西藏自治区八宿一林芝段）的271km内有泥石流沟67条，分布密度达0.25条/km。其中流域面积<2km^{2}的2条，2～10km^{2}的34条，10～30km^{2}的21条，30km^{2}的10条。中等规模以上的泥石流沟65条，占总数的97.0%，其中大规模和特大规模的泥石流沟31条，占总数的46.3‰，这些沟暴发的规模巨大的泥石流，对公路的危害极为严重。

泥石流危害公路的事件，在中国山区屡见不鲜，每年都有发生。由于上述几例已足以说明泥石流对公路危害的严重性，因此对其他事件不再赘述。

3.3.3.3 泥石流对航道的危害

泥石流对航道的危害是严重的。如金沙江这样一条规模和水量都巨大的河流，却仅在下游新市镇到宜宾一小段内能通航，而新市镇以上的河段却无法开通航道。究其原因，主要是在江内有400多个险滩所致。这些险滩中的多数，一部分为泥石流堵塞河床，压缩过流断面形成，一部分为泥石流堵断河道后天然坝溃决所形成；除了险滩碍航之外，在险滩的影响下，河流的水文特性发生变化，主流线很不稳定也是碍航的重要原因之一。又如四川盆地西部的青竹江（青川县境内），过去不仅能放木，而且中下段（竹园坝至关庄）能通木船，但后来由于流域内泥石流活动加强，河床由窄深型转变为宽浅型，而且巨石累累，不仅失去通航之便，连漂木也无法进行。类似事件，在山区各地都能找到例证。

3.3.3.4 泥石流对电力和通信线路的危害

电力和通信线路的发展程度，是一个地区经济发展水平和现代化水平高低的标志，同时也与当地居民的生产和生活条件密切相关，因此一个地区的电力和通信线路遭危害，不仅直接影响到当地的经济发展速度，而且给群众的生活和生产活动带来巨大困难。

众所周知，交通、电力和通信线路，是一个地区高速发展经济和提高人民生活质量的生命线。这些线路遭危害，必然给国家和当地的经济及人民的生产生活造成巨大的损失。

3.3.4　危害城镇

城镇，通常是当地的政治、经济、文化中心和物资集散地，因此是当地人口高度集中，经济相对发达的区域。城镇的经济发展程度，不仅直接关系到城镇自身的形象和群众生活水平的提高与改善，还对辐射区的经济发展和群众生活水平的提高与改善产生了深刻的影响。因此泥石流对城镇的危害，不仅对城镇自身造成危害，还对辐射区域造成危害。

第4章 泥石流灾害的
岩土工程防治措施

泥石流灾害的防治包括预防与治理2个方面。从总体上讲，可分为工程措施与非工程措施。其中，非工程措施包括泥石流的监测预警、泥石流危险性评估与风险分析、泥石流灾害风险管理等措施，它不具有约束或抑制泥石流的功能；而工程措施根据泥石流成因，按照规律，采取人为措施，对泥石流的形成与活动加以限制，从而达到减轻泥石流危害的目的。具体又可以分为岩土工程措施与生物工程措施。本章主要介绍岩土工程措施。

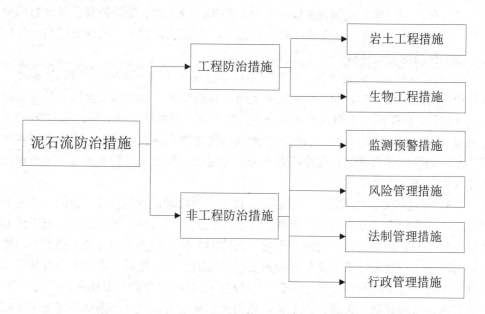

图4-1 泥石流防治措施体系

岩土工程措施具有投资高、见效快的特点，可以控制设计标准以内的泥石流灾害，在一定程度上减轻超过设计标准的泥石流灾害，从而达到减灾的目的。这是泥石流防灾减灾最重要的手段。

4.1 防治原则

泥石流的发生和发展与所在工程区特定的地质、地貌、水文气象条件相关，受自然条件和人类活动的影响，往往同一区域内有稀性、黏性不同类型的泥石流，其危害程度更取决于人类在其影响范围的活动程度，包括可能导致工程失事产生次生灾害的影响大小，因此危害程度差异性较大，每个泥石流的灾害治理范围、采取的方案和措施是互不相同的，在以往的工程实践中基本上是非标准设计。实践中，首先需要对研究区进行全面的勘察和泥石流危害评估，根据工程区内泥石流发生条件、基本性质、发展趋势并结合对工程区内各建筑物的影响程度进行布置上的统筹规划，泥石流规模大且可能危害严重区域应主动避让，对需要防治的区域应抓住关键影响因素，针对性研究防护方案，在不同部位采取不同的措施，根据现场情况可分期、分步实施，总体上讲应遵循以下原则。

（1）全面勘察、综合评估。泥石流的防治需对流域的上、中、下游进行全面的勘察，了解流域内泥石流暴发的特点、规律，结合工程区的施工总布置和枢纽布置条件全面评估工程场地的泥石流危害程度、防治难度和估算成本，具体需要综合考虑工程等级、建（构）筑物重要性、生命周期和区域内泥石流的特征、发展趋势等因素，以及对泥石流形成三要素中的一个或几个要素加以控制、改变或影响的可行性，为工程场地的选择提供基本资料。

（2）避让优先、合理布局。在工程布置中优先避让泥石流危险性区，这是减少风险和投资的最佳措施。如进行枢纽布置时，凡影响到主体工程安全运行的建筑物宜主动避让，以防泥石流直接破坏或产生次生灾害（例如堵塞导流建筑物），导致工程出险；在工程区内的业主、承包商营地或移民安置点等人口密集区也应主动避开泥石流影响区。泥石流危害程度不高或采取一定的工程措施可控的区域，可布置次要建筑物或临时生产设施。

（3）因地制宜，针对防治。影响泥石流暴发及活动的因素较多，在同一个泥石流流域内，不同支沟发生的泥石流其类型及性质也不尽相同，不同地域具有不同的环境条件，而且随着被保护对象的不同，其防治的标准和要求也有较大的差别，因此泥石流防治对策及技术方案只能根据工程区域的地形、地质及水文气象条件因地制宜，针对泥石流的不同类型、规模、发展趋势及防护对象的重要性进行研究制定。

其次，从流域单元来讲，中上游流域属生态环境治理区，下游堆积扇危害区属人类活动社会灾害治理区。泥石流形成区是防治泥石流的关键部位，是实施主动治理和使用硬性防治措施的集中区域；堆积扇危害区是减轻泥石流灾害损失的重点，是部署被动防护设施和采取软性防治措施的主要区域。在泥石流形成区内，抑制发育中的形成基本要素以限制泥石流发育，或使正在形成中的泥石流停止活动，或限制已经形成了的泥石流规膜等，都可取得防治泥石流危害的效果，以达到减轻灾害的目的。泥石流防治的实用性原则包括以下几点。

（1）抑制泥石流发生原则

泥石流形成所需的是地形、松散物质和水3个要素，其中地形和松散物质是受地球内外营力制约、演变过程极其缓慢的缓变因素；水分条件属于急变因素，但受气象条件和其他环境因素的制约。人为措施对它们的直接影响极为有限。因此，只宜从改变局部地貌、增加流域上游植被覆盖和调节流域水文汇流过程入手，通过减弱水动力要素，抑制泥石流的形成。

（2）减弱泥石流活动原则

在泥石流形成的过程中，采取工程措施减弱或抑制水与松散固体物质的融合过程（即水土融合），即可削减泥石流起动量与活动规模；若进一步采取措施促使泥石流中的水分与土体分离（即水土分离），已经发生了的泥石流将减弱活动，降低密度，变成高含沙洪水。

采取人为措施引走形成区上部水源，疏干形成区崩塌滑坡体中的孔隙水，引走暴雨径流或排走沟床内的潜水，均可阻止水土融合，从而大大削减形成泥石流的规模，这就是水土分治原理。此外，修建谷坊和拦沙坝促使泥石流停淤并改变形成区局部地貌，或修建透过式拦沙坝实现泥石流中的水分与土体的分离，均能减弱泥石流活动、削减泥石流规模，达到减轻泥石流灾害的目的。

4.2　防治体系

泥石流防治技术体系就是根据泥石流的发生条件、基本性质、活动规律、发展趋势、危害程度及其相应的地貌、地质、水文和气象条件等，按照客观需要和可能，从全局的视角对泥石流流域或者区域进行统一的规划防治，在相应地段采取一系列切实可行、相互关联和不同功能的工程措施、监测预警措施和行政管理措施等，从而使该区域内泥石流的发生、发展逐步得到控制，危害得到减轻或者消除，区域的生态环境得到改善和恢复，并逐步建立起新的良性生态平衡环境。

根据泥石流形成过程与模式，按照泥石流防治的实用性原理，先初步分析泥石流形成过程分段与泥石流防治功能分析的对应关系。

泥石流形成段是水土融合区，又是汇流水源强侵蚀段，属治理重点，需实施节流、分流、防冲和稳沟固坡，以抑制或阻止水土融合，实现水土分治。

流通段是泥石流形成后，流体性质、规模、流态和动力作用达到暂时稳定，向造成社会灾害并逐渐衰亡的过渡段。

泥石流堆积段是流体动力减弱、阻力增大、动力作用向社会灾害转化，以淤积和淹埋为主的灾害危险区。

根据上述分析，在不同的泥石流区段，结合泥石流防治原则，可以建立以下3

类泥石流防治体系：

4.2.1　防止泥石流发生体系

在泥石流的形成区域，采取有效的固源工程来治坡、治沟和治水，并实施严格的行政管理措施和法制管理措施，对本区域进行全面的综合治理，使生态环境得到改善和恢复，水土流失得到有效的控制，沟坡土体趋于稳定，达到防止泥石流形成的目的。

4.2.2　控制泥石流运动体系

在泥石流的流通区和堆积区，采取相应的拦挡工程、排导工程及停淤工程，使泥石流发生后的规模被逐渐削减；泥石流体内的固体物质和水分分离，固体物质含量减少，并能够顺畅而安全地向下游排泄，或堆积到预定的区域，对保护区域内的生命财产不构成威胁和危害。

4.2.3　预防泥石流危害体系

在泥石流发生之前，采取一系列预防措施，其中包括对泥石流发生的中长期预测、临灾预报和监测预警措施；对已有防治工程进行维护和加固、人员疏散、抢险、救灾准备措施及实施组织与管理等，从而使泥石流在活动过程中不产生严重危害。

一般来说，对于规模大、活动频繁、危害严重的泥石流沟，应全流域综合治理，上述3种体系可以同时采用。对于规模不大、暴发频率较低、危害不严重的泥石流沟，可根据防护的实际需求和投入资金，采取单一的防治体系及措施，或某2种体系的组合，亦能达到预期的防灾减灾效果。

4.3　岩土工程类型

在不同的防治体系中，用到了不同的工程类型，总结起来有4类：固源工程、拦挡工程、排导工程和停淤工程。下面将具体介绍4类工程类型中常见的岩土工程措施。

4.3.1　固源工程

谷坊原为小流域治理水土保持工程的专用名，在我国西北黄土沟壑地区，也称"淤地坝"。谷坊专指构筑于主沟和支治泥石流形成区沟道中具有固床稳坡和拦沙节流作用的高度较低的小型拦沙坝，坝高一般不大于5m，通常布置多级谷坊坝组成谷坊群，逐级消能以起到更好的效果（图4-2）。

图4-2　云南东川石羊沟上游谷坊群

4.3.1.1　谷坊选址

（1）从拦沙坝回淤末端上溯，至形成区上游第一处崩塌、滑坡体下游（缘）附近，或沟床质集中堆积段下游附近，属于梯级谷坊系布设的区间地段；

（2）拦沙坝无法控制的泥石流支沟，自下而上，沿重力侵蚀一物源供应段均属于支沟谷坊群，即支沟梯级谷坊系布设地段。

（3）谷坊坝轴选在口狭肚阔的地形颈口，或上窄下宽的喇叭形入口处；选在两肩对称、岸高足够、地基均匀坚固且河谷稳定的部位。

（4）选在距离崩塌、滑坡和沟床堆积龙头下缘30～50m处，既避开突发性灾害冲击，又可对它们实施有效控制。

（5）选在顺直稳定沟段，呈矩形或V形沟槽、过流稳定、宽度适中，不因修建谷坊而强烈演变的沟段。

（6）谷坊下游存在冲刷或侧蚀隐患的，需加设潜槛或其他导流、消能措施来保护。

4.3.1.2　谷坊坝高拟定

（1）单个谷坊应按上游掩埋限制高程，并以设计回淤纵坡推算谷坊坝高。

51

（2）按单位坝高最大效益和投资增长率最佳组合确定谷坊坝高。

（3）通常，溢流段净坝高宜定在5～8m，称为合理坝高。

（4）针对梯级谷坊或谷坊群，应对不同平面布置及相应坝高方案进行比较，选定其中优化组合的方案作为单个谷坊坝高的参用坝高。

（5）谷坊、梯级谷坊和谷坊群之间无法控制的危险沟段，可增设一定数量的潜槛来补充。

4.3.1.3 谷坊的荷载与受力分析

（1）根据谷坊高度、库容规模和使用中的淤积及毁损事故进行分析，简明实用的结构受力分析包括基本荷载为自重、淤积土重（满蓄和1/2满蓄）；附加荷载为流体侧压力、扬压力；特殊荷载为冲击力（空库）。

（2）鉴于多数谷坊投入运用后1～2年便已淤满，可按正常设计荷载组合及风险设计荷载组合2种受力状态，确定相应的安全度与结构外形尺寸，包括按挡土墙设计（淤积1/2和满库）；基本荷载+附加荷载的组合时，$K_e=1.05\sim1.15$；抗冲击墩台设计（空库）；结构自重+特殊荷载的组合时，$K_s=1.00\sim1.05$。

（3）采用相应结构措施满足受力分析条件的限制，如加强排水-泄流，降低流体（动）扬压力，扩大基础或加深基础使地基承载力满足设计要求。

4.3.2 拦挡工程

4.3.2.1 实体重力拦沙坝

拦挡坝是通常建在泥石流形成区或形成区—流通区沟谷内的一种横断沟床的坝式建筑物。其目的在于控制泥石流发育，也是泥石流防治工程中十分重要的一种工程措施。舟曲特大泥石流整治工程修建了9座混凝土拦挡坝，近年来水电工程泥石流沟防护工程几乎都设置了拦挡坝，多数在1～3座拦挡坝之间，效果较好。拦沙坝主要适用流域来沙量大，沟内崩塌、滑坡体等不稳定物源较多，上游有一定的筑坝地形（较大的库容和狭窄的坝址）的沟谷。

1．主要功能

（1）全部或部分拦截上游来水来沙，降低泥石流的浓度，改变输水、输沙条件，控制下泄输沙粒径；逐级减少下泄固体物质量，减小拦挡工程下游泥石流的规模。

（2）减缓河床坡降，降低泥石流运动速度，并减少沟床纵向侵蚀和两岸或横向的重力侵蚀。

（3）由于回淤效益，可以控制或提高局部沟床的侵蚀基准面，起到稳坡稳谷的作用。

（4）调整泥石流输移流路和方向，可使流体主流线控制在沟道中间，减轻山洪泥石流对岸坡坡脚的侵蚀速度。

2．主要类型

拦挡坝常采用重力式，按建筑材料分，常用的有浆砌石坝、混凝土（含钢筋混凝土）坝、钢筋石笼坝等。

（1）混凝土或浆砌石重力坝。这是我国泥石流防治中最常用的一种坝型，适用于各种类型及规模的泥石流防治，坝高不受限制；在石料充足的地区，可就地取材，施工技术条件简单，工程投资较少（图4-3）。

图4-3　钢筋混凝土实体拦沙坝

（2）钢筋石笼拦挡坝。近年来在水电工程应用较为广泛，适用于各种类型及规模的泥石流防治临时工程，坝高一般在8m以下，寿命2～4年，突出的优点是能很好地适应地形地质条件，可就地取材，钢筋石笼自然透水，施工技术条件简单，施工周期短，工程投资较少。缺点主要是抗冲击能力低，局部破坏容易导致整体溃决，使用期较短，基本用在临时防护工程上。为增强整体性和提高抗冲耐磨能力，通常在溢流表面浇筑20cm的混凝土保护。

3．拦挡坝的平面布置

坝址选择主要考虑以下因素：

（1）建坝后是否有足够的库容。施工条件允许情况下，一般设置两道或多道坝所形成的梯级坝系库容。

（2）坝址是否具有减势的地形条件，如河床坡降较平缓、坝址上游具有弯道等，若将坝址设在弯道的下游侧，就能够利用弯道消能、落淤作用，避开泥石流的直接冲击。

（3）坝址处是否有建坝的地质条件与施工条件。具体而言，最好满足以下条件：

①布置在泥石流形成区的下部，或置于泥石流形成区—流通区的衔接部位。

②从地形上讲，拦挡坝应设置在沟床的颈部（即峡谷入口处）。坝址处两岸坡体

稳定，无危岩、崩滑体存在，沟床及岸坡基岩出露、坚固完整，地基有一定的承载能力。在基岩窄口或跌坎处建坝，可节省工程投资，对排泄和消能都十分有利。

③拦挡坝应设置在能较好控制主、支沟泥石流活动的沟谷地段。

④拦挡坝应设置在靠近沟岸崩塌、滑坡活动的下游地段，应能使拦挡坝在崩滑体坡脚的回淤厚度满足稳定崩塌、滑坡的要求。

⑤多级拦挡坝应从沟床冲刷下切段下游开始，逐级向上游设置拦挡坝。使坝上游沟床被淤积抬高及展宽，从而达到防止沟床继续被冲剧，阻止沟岸崩带活动的发展。

⑥拦挡坝在平面布置上，坝轴线尽可能按直线布置，并与流体主流线方向垂直，滋流口宜居于沟道中间位置，坝下游消能工程可采用潜槛或消力池构成的软基消能。

4. 拦挡坝的坝高

拦挡坝的高度除受控于坝址段的地形、地质条件外，还与拦沙效益、施工期限、坝下消能等多种因素有关。一般来说，坝体越高，拦沙库容就越大，固床护坡的效果也就越明显，但工程量及投资则随之急增，因此应有一个较为合理的选择，可按以下要求确定坝高：

（1）拦挡坝的功能主要为拦淤时，通常按工程设计标准一次淤积固体物源量库容对应的坝高，再加安全超高确定设计坝高。当泥石流规模大，防护区段较长，单个坝库不能满足防治泥石流的要求时，或因地质地形条件所限，难于修建单个高拦沙坝时，可采用梯级坝系（图4-4）。在布置中，各单个坝体之间应相互协调配合，使梯级坝系能构成有机的整体。梯级坝系拦淤总量应不小于工程设计标准一次淤积固体物源量。

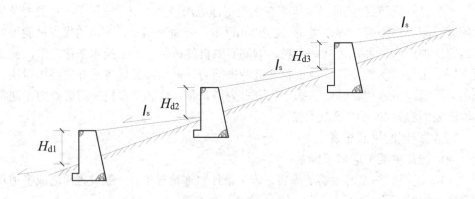

图4-4 梯级谷坊坝系示意图

H_{d1}为第一级拦沙坝在地面上的高度；H_{d2}为第二级拦沙坝在地面上的高度；H_{d3}为第三级拦沙坝在地面上的高度；I_s为回淤纵坡。

泥石流拦挡坝的坝下消能防冲及坝面抗磨损等技术问题，一直未能得到很好解决。故从维护坝体安全及工程失效后可能引发的后果考虑，在泥石流沟内的松散层上修建的单个拦挡坝高，最好小于30m，对于梯级坝系的单个溢流坝，应低于10m。对于强地震区及具备潜在危险（如冰湖溃决、大型滑坡）的泥石流沟，更应限制坝的高度。

（2）当拦挡坝的主要功能是使泥石流归槽便于排导、减势、降低冲击和固床作用时，常布置于排导槽进口段，其坝高按需设置，坝高一般大于泥石流最大颗粒粒径的1.5～2倍，埋置深度一般为冲刷深度的1.2～1.5倍。

（3）对于以稳定沟岸崩塌、滑坡体为主的拦挡坝（例如谷坊坝），可按回淤长度、回淤纵坡及需压埋崩、滑体坡脚的泥沙厚度确定坝高。泥沙淤积厚度应满足：淤积厚度下的泥沙所具有的抗滑力不小于崩滑体的下滑力。相应计算泥沙厚度的公式为：

$$H_s^2 \geqslant \frac{2Wf}{\gamma_s \tan^2(45° + 0.5\varphi)} \tag{4-1}$$

式中，W为高出崩滑动面延长线的淤积物单宽重量（t/m）；f为淤积物内摩擦系数；γ_s为淤积物的容重（kN/m³）；φ为淤积物内摩擦角，（°）。

拦挡坝的高度可按下式计算：

$$H = H_s + H_1 + L(i_0 - i) \tag{4-2}$$

式中，H_1为崩滑坡体临空面距沟底的平均高度（m）；L为回淤长度（m）；i_s为原沟床纵坡；i为淤积后的沟床纵坡；H_s为泥沙淤积厚度（m）。

5．拦挡坝的坝间距

在一段沟道中能够连续衔接布置的多级拦挡坝，坝间距由坝高及回淤坡度确定。也可先选定坝高，再计算坝间距离：

$$L = \frac{H - \Delta H}{i_0 - i} \tag{4-3}$$

式中，L为坝间距（m）；ΔH为坝基埋深（m）；其余符号意义同前。

拦挡坝建成后，沟床泥沙的回淤坡度（i）与泥石流活动的强度有关。可采用类比法，对已建拦挡坝的实际淤积坡度与原沟床坡度i_s进行比较确定，即：

$$i = ci_0 \tag{4-4}$$

式中，c为比例系数，一般为0.5～0.9之间，或按表4-1采用，若泥石流为衰减期，坝高又较大时，则用表内的下限值。反之，选用上限值。

表4-1　比例系数c值表

泥石流活动程度	特别严重	严重	一般	轻微
c	0.8～0.9	0.7～0.8	0.6～0.7	0.5～0.6

实际工程中，往往由于地形条件限制，各坝间坝间距较大，不能满足回淤保护上一级坝体的基础淘刷，需在上一级坝下单独设置防淘措施。

6．拦挡坝的结构

拦挡坝的断面型式

对于重力拦挡坝，从抗滑、抗倾覆稳定及结构应力等方面考虑，比较有利、合理的断面是三角形或梯形。在实际工程中，坝的横断面的基本型式见图4-5，下游面近乎直立。

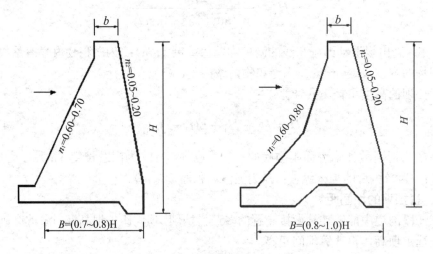

图4-5　重力拦挡坝横断面示意图

底宽以及上下游面边坡可按以下方法确定：

①当坝高H<10m时，底宽B=0.7H；上游面边坡n_1=0.5～0.6；下游面边坡n_2=0.05～0.20。

②当10m<H<30m时，底宽B=（0.7～0.8）H；上游面边坡n_1=0.60～0.70；下游面边坡n_2=0.05～0.20。

③当坝高H>30m时，底宽B=（0.8～1.0）H；上游面边坡n_1=0.60～0.80；下游面边坡n_2=0.05～0.20。

底板的厚度8=（0.05～0.1）H。为了增加坝体的稳定，坝基底板可适当增长，坝顶上、下游面均以直面相连接。

坝体剖面设计应根据实际情况进行稳定性、应力计算最终确定。

7．坝体其他尺寸控制

（1）非溢流坝坝顶高度H。H等于溢流坝高H_d与设计过流泥深H_c，及相应标准的安全超高$H_{\Delta c}$三者之和。即：

$$H = H_d + H_c + H_{\Delta c} \qquad (4-5)$$

（2）坝顶宽度b。b值应根据运行管理、交通、防灾抢险及坝体再次加高的需要综合确定。对于低坝，b的最小值应在1.2～1.5m，高坝的b值则应在3.0～4.5m之间。

（3）坝身排水孔。对于仅设置为单体坝的情况，排水孔孔径随着高程增加而减小；对于多级坝，上游至下游，排水孔孔径逐渐减少。排水孔孔径选择与设计淤积粗颗粒粒径密切相关，孔径多不大于1.5倍粗粒粒径，多数排水孔的尺寸选择区间为0.5～2.0m。孔洞的横向间距，一般为3～5倍的孔径；纵向上的间距则可为2～4倍的孔径，上下层之间可按品字形排布，断面多为矩形。坝下应设置消能、防磨蚀设施。

（4）坝的溢流坝段布置

①坝顶溢流口宽度，可按相应的设计流量或限制单宽流量q_c计算。该宽度应大于稳定沟槽的宽度并小于同频率洪水的水面宽，为了减少过坝泥石流对坝下游的冲刷及对坝面的严重磨损，应尽量扩大溢流宽度，使过坝的单宽流量减小。

当$H<10$m，$q_c<30$m/（m·s）；

当$H<10～30$m，$q_c=15～30$m/（m·s）；

当$H>30$m，$q_c<15$m/（m·s）。

对于坚硬基岩单宽流量可取上限值，风化岩和密实的沟床物质取中值，松散的沟床物质取下限值。

②宜使溢流坝段中线与排导槽中心线重合。

③可将溢流坝段划作一个独立的结构计算单元，用沉降缝或伸缩缝分隔开，进出口应布置相应的导流和出流设施，如排流坎、耐磨蚀铺砌面等。

④若采用坝顶溢流方案，宜选用不设中墩和无胸墙的开敞式入流口，避免撞击、阳塞导致漫顶事故，进口应作圆滑渐变的导流墙，出口不宜过大的收缩。

（5）坝下齿墙

坝下齿墙起着增大抗滑、截止渗流及防止坝下冲刷等作用。齿墙的深度视地基条件而定，最大可达3～5m。齿墙为下窄上宽的梯形断面，下齿宽度多为0.10～0.15倍的坝底宽度。上齿宽度可采用下齿宽度的2.0～3.0倍。

8．拦挡坝的结构计算

拦挡坝结构计算主要包括坝体稳定性计算、坝体抗倾覆计算、坝基础应力计算、坝体强度计算和下游冲刷稳定性计算等。

1）拦挡坝荷载分析

①作用于拦挡坝上的基本荷载有：坝体自重、泥石流压力、堆积物的土压力、水压力、扬压力、冲击力等。

坝体自重W_d

W_d取决于单宽坝体体积V_b和筑坝材料容重γ_b，即

$$W_d = V_b \gamma_b \qquad (4-6)$$

一般浆砌块石坝的容重γ_b可取2.4t/m³。

②土体重W_s和溢流重W_f；

W_s是指拦沙坝益流面以下垂直作用于坝体斜面上的泥石流体重量或堆积物重量，容重有差别的互层堆积物的W_s，则应作分层计算。

W_f是泥石流过坝时作用于坝体上的重量，若已知设计容重和设计溢流深度，则W_f便可求得。

③侧压力

作用于拦沙坝迎水面上的水平压力有稀性泥石流体水平压力F_{d1}、黏性泥石流流体水平压力F_{d2}，以及水平水压力F_{wi}。

F_{d1}即是稀性泥石流流体的浮沙压力，可借用朝肯（Rankine）公式来求得：

$$F_{d1} = \frac{1}{2} \gamma_{ys} h_s^2 \tan^2 \left(45° - \frac{\varphi_{ys}}{2} \right) \qquad (4-7)$$

式中，$\gamma_{ys} = \gamma_{ds} - (1-n) \gamma_w$，$\gamma_{ds}$为干沙容重（kN/m³）；$\gamma_w$为水体容重（kN/m³）；$n$为孔隙率；$h_s$为稀性泥石流泥石堆积厚度（m）；$\varphi_{ys}$为浮沙内摩擦角（°）。

F_{vl}亦用土力学原理计算而得：

$$F_{vl} = \frac{1}{2} \gamma_c H_c^2 \tan^2 \left(45° - \frac{\varphi_c}{2} \right) \qquad 4-8$$

式中，γ_c为黏性泥石流体容重（kN/m³）；H_c为黏性泥石流体泥深；φ_c为黏性泥石流体内摩擦角，可取4°～10°，野外实测值可达8°（流体黏稠，并含有大量粒径为5～10cm的块石）。

如堆积物已固结，则F_{d}为堆积物的水平土压力.用上式作计算时，γ_c应取固结后的堆积物容重，φ_c取堆积物的内摩擦角。

F_{wl}（水平水压力）用水力学原理计算而得，即

$$F_{wl} = \frac{1}{2} \gamma_w H_w^2 \qquad 4-9$$

式中，γ_w为水体容重（kN/m³）；H_w为水深（m）。

稀性泥石流体所含水体的F_{wl}为二相流中的水体压力（另一项为浮沙压力F_{d1}），堆积物固结后，水体厚度与拦沙坝迎水面地下水位有关（通常可设地下水水位处于某层排水孔以下）；黏性泥石流堆积物不透水，故一般不考虑F_{wl}。

④扬压力F_y

当拦沙坝下游无水时，坝下扬压力取决于迎水面的水深H_w，迎水面坝处的扬压力可用溢流口高度乘上折减系数K来求得，K可取0.5～0.7（它与库内堆积物特性、

级配以及排水孔高度有关）。

⑤冲击力F_c。

泥石流直接撞击拦沙坝会产生巨大的冲击力，按2.6节的方法计算。

作用于拦沙坝的附加荷载和特殊荷载有：地震力、温度应力、冰的冻胀压力等，其计算方法可参照有关规范。

⑥荷载组合

根据泥石流类型、库内堆积物特性，以及泥石流拦沙坝过流方式，主要有的10种设计荷载组合，如（图4-6）所示。

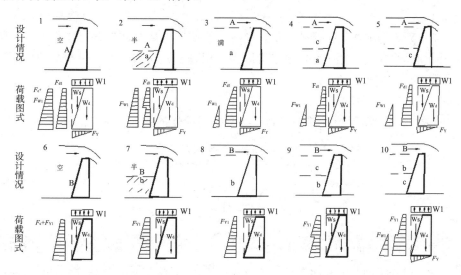

图4-6　作用与拦沙坝的泥石流荷载组合（李德基，1997）

A：稀性泥石流；a：稀性泥石流堆积物；B：黏性泥石流；b：黏性泥石流堆积物；c：非泥石流堆积物；1、6空库；2、7未满库；3、4、5、8、9、10：满库；W_d：坝体自重；F_Y：扬压力；F_{dl}：稀性泥石流流体压力；F_{vl}：黏性泥石流流体压力；F_c：冲击力；W_s：坝前堆积体重；W_l：坝顶溢流体重。

2）抗滑稳定性计算

抗滑稳定计算，对拟定坝的横断面型式及尺寸起着决定性的作用。坝体沿坝基面用的计算公式为：

$$K_0 = \frac{f \sum W}{\sum F} \geq [K_c] \tag{4-10}$$

式中，$\sum W$为作用于单宽坝体计算断面上各垂直力的总和（如坝体重、水重、泥石流流体重、淤积物重、基底浮托力及渗透压力等）；$\sum F$为作用于计算断面上各水平力（含水压力、流体压力、冲击力、淤积物侧压力等）；f为坝体同坝基之间的摩擦系数，可查表或现场实验确定；$[K_c]$为抗滑稳定安全系数，一般取1.05～1.15。当坝体沿切开坝踵和齿墙的水平断面滑动，或坝基为基岩时，应计入坝基摩擦力与黏结力，则计算公式为：

$$K_0 = \frac{f \sum W + CA}{\sum F} \geqslant [K_c]$$（4-11）

式中：C为单位面积上的黏结力；A为剪切断面面积，其他符号意义同上。

3）抗倾覆性稳定验算

$$K_0 = \frac{\sum M_y}{\sum M_0} \geqslant [K_y]$$（4-12）

式中：$\sum M_y$为坝体的抗倾覆力矩，是各垂直作用荷载对坝脚下游端的力矩之和；$\sum M_0$为使坝体倾覆的力矩，是各水平作用力对坝脚下游端的力矩之和；$[K_y]$为抗倾覆安全系数，一般取值1.30～1.60。

4）坝基应力计算

由于拦挡坝的高度一般都不很高，故多采用简便的材料力学方法计算。

$$\sigma = \frac{\sum W}{A} + \frac{\sum MX}{J}$$

$$\sigma = \frac{\sum W}{b}(1 + \frac{6e}{b})$$（4-13）

式中：$\sum M$为截面上所有荷载对截面重心的合力矩；X为各荷载作用点至断面重心的距离（m）；b为断面宽度（m）；e为合力作用点与断面重心的距离（m）；J为断面的惯性矩；W为各荷载的垂直分量。

为了满足合力作用点应在截面的1/2内（$e \leqslant b/6$）满库时在上游坝脚或空库时在下游坝脚的最小压应力σ_{min}不为负值，则需满足：

$$\sigma_{min} = \frac{\sum W}{b}(1 - \frac{6e}{b}) \geqslant 0$$（4-14）

坝体内或地基的最大压应力σ_{max}不得超过相应的允许值，即：

$$\sigma_{max} = \frac{\sum W}{b}(1 + \frac{6e}{b}) \leqslant [\sigma]$$（4-15）

9. 拦挡坝消能防冲

泥石流过坝后，因落差增大，过坝流体由于重力作用，下落的速度和动能大大增加，对坝下沟床及坝脚产生严重的局部冲刷，这也是造成坝体失事的重要原因。

尤其是建筑在砂砾石基础上的坝体，更易因坝下冲刷而引起底部被不均匀掏空，造成坝体发生倾覆破坏。冲刷坑的范围和深度既与沟床基准面的变化、堆积物组成及性质有关，也与泥石流性质、坝高以及单宽流量的大小密切相关。

泥石流坝下的消能防冲，首先应该按其冲刷形成的原因，采取相应的措施，防止沟床基准面下降，使坝下冲刷坑的发展得以控制。其次是按以柔克刚的原理，在坝下游形成一定厚度的柔性垫层，使过坝流体减速、消能，并增强沟床提高对流体及大石块冲砸的抵抗能力，从而达到降低冲刷下切的目的。坝下游消能主要有以下结构型式。

（1）护坦工程

当过坝泥石流含沙粒径不大、坝高不高（＜10m）时，可在坝下游设置护坦工程防止或减轻冲刷下切。护坦的厚度可按弹性地基梁或板计算确定，应能抵挡流体的冲击力，一般厚度为1.0～3.0m。若考虑护坦下游的冲刷，则护坦的长度越长就越安全。护坦通常按水平布设，并与下游沟床一致。当沟床坡度较陡时，亦可降坡，但应加大主坝的基础埋深。护坦尾部多会出现不同程度的冲刷，故需在尾部设置齿墙。在齿墙下游面应紧贴沟床布设一定长度的石笼或用大石块铺砌的海漫等。此外也还可以采取与水利工程类似的其他固床工程，使坝下游沟床的冲刷下切得到有效控制。结合近两年四川省地震灾区大型泥石流沟的治理工程实践，为了进一步减缓主坝水流对护坦的冲刷，在护坦表部又增设一层起消能作用的大漂石（粒径要求大于1m），工程实践表明效果良好。

（2）二道坝消能工程

在主坝下游另建一座低于主坝的拦挡坝（称为二道坝），使主坝、二道坝之间形成消力池，从而达到减弱过坝流体的冲、砸破坏力，控制冲刷坑的动态变形及纵深发展。主坝、二道坝之间的间距、主坝下游的泥深以及坝脚被埋泥沙的厚度，是控制主坝下游消能的关键因素，也与二道坝高度的选择直接相关。主坝高度大、过流量大，坝下游沟床坡度也大，则二道坝的高度就要相对增大。坝下冲刷深度与形态和主坝、二道坝之间的距离有关：当距离较小时，冲刷坑将向坝基方向伸展，这将直接威胁坝基的稳定性，应注意避免；主坝、二道坝之间的重复高度，多采用经验公式计算，一般取主坝高的1/4～1/6，最小高度应大于1.5m。主坝、二道坝之间的距离，应大于主坝高与坝顶泥深之和，或者借用水力学原理进行计算。

河道落差较大，为保护第一道拦挡坝坝址不被冲刷破坏，设置了潜坝和二道坝（第二道坝），第三道坝相当于第二道坝的二道坝，利用回淤后较护坦效果更好。

（3）拱基或桥式拱形基础工程

若将拦挡坝建成拱基坝或桥式拱形基础重力坝，则会使坝体自身具有较好的受力条件和自保能力。当坝基部分被冲刷淘空时，也不会对坝体安全构成威胁。

在上述型式中，护坦（散水坡型）和潜坝型适用于主坝高度小于10m的低坝或流量和泥深均较小的稀性泥石流，而二道坝型与拱基型或桥式拱形则适用于中高坝和各种类型的泥石流。

（4）阶梯消能工程

当下游河床覆盖层致密、抗冲流速达到3m/s左右时，主坝高度小于15m的低坝或流量和泥深均较小的泥石流，为减小坝脚防护工程量，溢流面可以采用阶梯消能布置，施工方便，便于检修。下游溢流面坡降宜缓于1∶3，阶梯宽度约为1.2～2倍过流时的泥深时，消能效果较好，坡脚设置1～2m厚或0.3～0.5倍坝高长度的防冲护坦，可以将流速降低到3m/s左右。

4.3.2.2　透水型拦沙坝

透水型拦沙坝是指以混凝土、钢筋混凝土、浆砌石、型钢等为材料，将坝体做成横向或竖向格栅，或做成平面、立体网格，或做成整体格架结构的拦挡坝，具体包括梁式格栅坝、切口坝、筛子坝和格子坝等多种型式，通常也被称为格栅坝。与实体重力拦沙坝相比，透水型拦挡坝的主要功能有：

（1）具有部分拦挡、拦排结合功能，有利于浆体排泄并留下巨砾、漂石。改变孔隙大小和格栅间距即可调整拦蓄量与排泄量，是一种可调节拦排数量比例的结构物。

（2）按选择孔径拦蓄固体物质，拦粗排细起筛分作用，可调节下泄泥石流流体的物质组成与结构，保持冲淤平衡，使沟床稳定。

（3）减轻格栅和坝体所承受的水压力和冲击力，减少坝基渗透压力，提高坝的稳定性；有利于坝体向轻型化、定型化和装配式方向发展，降低造价，便利施工，缩短工期。

（4）通过栅孔调节泥石流输移比可提高库容利用系数；利用后期水流冲沙可延长坝库使用寿命。

透水型拦沙坝主要适用于水及沙石易于分离的水石流、稀性泥石流，以及黏性泥石流与洪水交错出现的沟谷。对含粗颗粒较多的频发性黏性泥石流及拦稳滑坡体的效果较差，但当沟谷较宽时，由于透水型拦沙坝所具有的透水功能，拦沙库内的地下水位被降低，可具备较好的效果。

透水型拦沙坝的种类很多，按照格结构与构造可分为2大类：一类为在实体重力坝体上开过流切口或布设过流格栅而形成的梳齿坝、梁式格栅坝、耙式坝及筛子坝等；另一类为由相应杆件材料（钢管、型钢、锚索）组成的格子坝、网格坝及桩林等（图4-7）。

1. 切口坝

在横断面为三角形或梯形的实体重力坝的顶部，开连续多个矩形、梯形或三角形溢流口；或在坝体中部溢流段设多道竖向、条形梳齿缝过流，切口、槽形缝或齿对过坝洪水和泥石流起控制作用：拦阻泥石流龙头，拦截巨砾，削减过坝能量，降低泥石流运动的冲击力；调整流体运动，降低流速，减小单宽流量和坝下冲刷；排水输沙，降低渗透压力；泥石流龙头通过时，因颗粒粗、浓度高而发生闭塞，淤积物相互咬合而难以侵蚀，其后续流具有分选作用，坝前堆积物表层细而底部粗，故上层易被侵蚀，平时的挟砂洪水和常流水通过时有冲刷、清库的作用；必要时再辅以人工清淤或机械清淤，可使坝库的拦蓄能力部分得到恢复。因此，相较与实体重力坝，切口坝是一种拦蓄效率较高，使用年限更长的坝型。

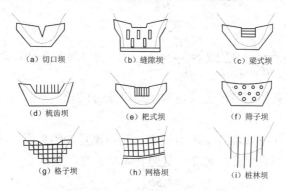

图4-7 各种透水型拦沙坝示意图

（1）切口断面的形状和布置

①齿状溢流口布置在坝的顶部，采用窄深或梯形断面、矩形断面或三角形断面。

②切口宽度。切口一旦堵塞，就不再起节流输沙作用，根据试验研究得出切口坝的闭塞条件为：

$$b/D_m > 2.0 \qquad 不闭塞$$
$$b/D_m \leqslant 1.5 \qquad 闭塞$$

(4-16)

式中：b为切口宽度（m）；D_m为泥石流中所含固体物的最大粒径，可由泥石流形成区或堆积区现场调查而得。因此，切口宽度建议取值$b=1.5\sim2.0D_m$，此时，切口对不同流量，不同含沙量的流体有抑制作用。

切口坝上游淤积坡度决定于流量、泥沙浓度和平均粒径，与非切口坝的淤积坡度相平行。当考虑不同规模洪水的侵蚀作用时，若满足下列条件，切口坝可以充分地发挥拦砂、节流和调整坝库淤积库容的效果：

$$b/D_{m1} > 2.0 \sim 3.0$$
$$b/D_{m2} \leqslant 1.5$$

(4-17)

式中，D_{m1}和D_{m2}分别为中小洪水和大洪水可挟带的最大粒径。

③切口深度。切口底部为侵蚀基准，通常取$h/b=1\sim2$，h为切口深度，若b愈大，h愈小，则坝库上游停淤区可输沙距离（即溯源冲刷的范围）愈近，反之则愈远。

④切口密度。根据试验结果，切口密度取值如下：

$$0.2 < \frac{\sum b}{B} < 0.6 \qquad (4-18)$$

式中，B 为坝的溢流口宽度，当 $\dfrac{\sum b}{B} = 0.4$ 时，调节泥沙量为非切口坝的1.2倍左

右，效果最佳。当 $\dfrac{\sum b}{B} < 0.2$ 或 $\dfrac{\sum b}{B} > 0.7$ 时，切口坝与非切口坝调节泥砂的效果

一样。连续切口坝系的调节量也只是单座切口坝的1.2倍。

（2）受力分析

①坝顶上部开切口或坝体中部留缝隙，是节流拦沙的需要，应不得过分削弱坝的整体性，故切口不宜太深，过宽；缝隙亦不得太宽，通常为：

$$L \geqslant 1.5b \qquad (4-19)$$

式中，L 为坝体沿流向的长度；b 为切口平均宽度。

②仍按重力坝的要求进行结构稳定分析和应力计算。

③基本荷载中，水压力和泥沙压力从切口底部算起，经常清淤的区段可采用1.4倍水压力计算。

④按悬臂梁验算切口齿槛的抗冲击稳定性和槛基危险断面的剪应力，决定是否加大断面或增加局部配筋。

（3）注意事项

①过流面需进行防冲击和抗磨蚀处理，例如迎水坝坡加防护垫层，采用高强度、耐磨蚀材料衬砌溢流面，

②设计坝高时，应使拦蓄库容能容纳一次泥石流过程的总堆积量，为调节留有余地，避免没顶溃坝灾害的发生。

③切口以下多设排水孔，经常清理，以及时排除积水。

2. 梁式坝

在实体重力坝的溢流段或泄流孔洞布置以支墩为支承的梁式格栅，形成横向宽缝梁式坝或竖向深槽耙式坝。格栅梁用预应力钢筋混凝土或型钢（重型钢轨、H型槽型钢等）制作，是目前泥石流防治中应用较多的主要坝型之一（图4-8）。

图4-8 梁式格栅坝

这类坝的优点是梁的间距可根据拦沙效率大小进行调整，既能将大颗粒砾石等拦蓄起来，而又使小于某一粒径的泥沙块石排到下游，不致使下游沟床大幅度降低。堆积泥沙后，如将梁卸下来，中小水流便能将库内泥沙冲刷带入下游，或可用机械进行清淤。

（1）梁的断面形式

对于钢筋混凝土梁，断面形式为矩形。型钢梁则多为工字钢、H型钢及槽型钢，用型钢组成的架梁等。当格梁为矩形断面时，可采用

$$h/b=1.5\sim2.0 \tag{4-20}$$

式中：h为梁高；b为梁的宽度。

（2）梁的间隔

对于颗粒较小的泥石流，梁的间隔不宜过大，可用梁间的空隙净高（h_1）与梁高h的关系控制，即：

$$h_1=（1.0\sim1.5）h \tag{4-21}$$

对于颗粒较大（大块石、漂砾等）的泥石流，将会因大块石的阻塞，使本可流走的小颗粒也被淤积在库内，从而加速了库内的淤积。根据游勇等实验研究表明：当梁间距b_1与泥石流体中最大颗粒粒径D_{max}之比$b_1/D_{max}\leq1.0$时，格栅坝基本闭塞；$b_1/D_{max}\geq1.5$时，格栅坝未闭塞；$1.0<b_1/D_{max}<1.5$时，格栅坝半闭塞或临时闭塞。据此，建议采用下式确定梁间距：

$$b_1=（1.5\sim2.0）D_m \tag{4-22}$$

式中：D_m为泥石流流体及堆积物中所含固体颗粒的最大粒径。

（3）筛分效率（e）

$$e=V_1/V_2 \tag{4-23}$$

式中：V_1为一次泥石流在库内的泥沙滞留量；V_2为过坝下泄的泥沙量。

筛分效率和堵塞效率成反比，梁的间隔越小，筛分效果越差。实验研究表明：

对梁式格栅坝而言，当格栅间距为1.5～2.0倍排导粒径时，仍有少部分排导粒径颗粒滞留库内，滞留部分不少于20%。当间隔相同时，水平梁格栅比竖梁的筛分效果好，可提高30%。梁式格栅坝闭塞与沟道纵坡有较大关系，结构尺寸相同的格栅坝在通过相同泥石流时，在不同沟道纵坡条件下有不同的闭塞效果。考虑到受力条件，梁的净跨最好不要大于4m，布设时，梁的高度应与流体方向一致，梁的宽度及长度则应与流体方向垂直。

（4）受力分析

①格栅梁承受的主要荷载

格栅梁承受的水平荷载主要为泥石流流体的冲击力及静压力（含堆积物的压力），还有泥石流流体中大石块对横梁的撞击力等。垂直荷载包括梁的自重及作用在梁上的泥石流流体重量（含堆积物重量）。

在各荷载作用下，根据横梁实际布设情况，可按简支梁或悬臂梁（竖向耙式坝）计算内力，然后按钢筋混凝土结构构件或钢结构构件的有关方法进行计算。

②梁端支墩承受的主要荷载

支撑墩承受的荷载包括泥石流作用在支墩上的水平荷载（泥石流流体的动压力及静压力、大石块的冲撞力）和垂直作用力（支墩的重力、基础重力、泥石流流体与堆积物压在支墩及基础面上的重力等）。其次，还包括横梁作用在支墩上的荷载，如横梁承受外荷载后传递到两端支墩上的所有水平力、弯矩及垂直力等。

支墩受力条件确定后，就可按水闸闸墩的计算方法，对支墩进行抗滑、抗倾覆稳定校核计算，及对相应的结构应力进行校核计算，应达到安全、稳定要求。另外还应验算支撑端抗剪强度和局部应力是否在材料的允许范围内。

在设计中，应采取措施提高横梁的抗磨蚀能力及横梁对大石块的抗冲撞能力。当横梁的跨度较大时，还应验算横梁承载泥石流及堆积物垂直重力的能力。必要时可在梁的中间加支撑墩，减小梁的跨度。对于梁式坝下游冲刷的防治，则与重力实体拦挡坝的措施类似。

3. 梳齿坝

梳齿坝是在实体重力坝的过流顶部连续开多个条形（矩形、梯形或三角形）的切口（图4-9），当一般流体过坝时，流体中的泥沙能较自由地从梳齿口通过。而在山洪泥石流暴发期间，大量泥沙石块则被拦蓄在库区内。

（1）梳齿的开口宽度

梳齿坝的切口一旦被堵塞，就会与一般的实体重力拦挡坝无任何差别。实验证明：堵塞条件与粒径的分布无关，而与最大粒径（D_m）和切口宽度（b）的比值有关。发生堵塞的条件为：

$$\frac{b}{D_m} \leqslant 1.5 \qquad\qquad (4\text{-}24)$$

当$b/D_m>2.0$时，则切口部位不会发生堵塞。对于不同性质和规模泥石流而言，当中小洪水时$b/D_{m1}>2.0\sim3.0$、大洪水时$b/D_{m1}>2.0$时，切口坝可以充分发挥拦沙、节流与调整淤积库容的作用。D_{m1}、D_{m1}分别为中小洪水和大洪水时可挟带的最大颗粒的粒径。

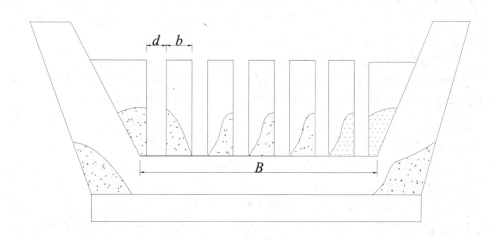

（a）泥石流梳齿坝剖面图

（b）泥石流梳齿坝实物图

图4-9　泥石流梳齿坝：（a）剖面图；（b）实物图

（2）梳齿的深度

①过流能力要求。梳齿坝的切口深度（h）与切口宽度（b）组成的过流断面应满足过流能力要求，即梳齿坝的坝顶高程应高于坝轴线处设计频率的泥深。

②结构稳定要求。切口深度（h）按闸墩受力条件进行验算，应满足满库土压力及单块冲击力的稳定要求。切口深度通常取值为：

$$H=（1\sim3）b \tag{4-25}$$

（3）梳齿的密度

梳齿坝密度（$\sum b/B$）的大小，对梳齿坝调节泥沙效果影响很大。实验研究表明，当$\sum b/B$=0.4时，梳齿坝的泥沙调节量是非梳齿坝的1.2倍，当$\sum b/B$>0.7或$\sum b/B$<0.2时，则梳齿坝与非梳齿坝的调节效果是一样的，因此梳齿密度可按下式选择：

$$\sum b/B=0.4\sim0.6 \tag{4-26}$$

（4）梳齿坝设计计算

①按实体重力坝的要求进行稳定性和应力验算。

②梳齿坝的基本荷载中，水压力、泥沙压力可由切口的底部开始计算，对经常清淤的区间，可按1.4倍水压力计算，应计入大石块对齿槛的冲击力。

③按悬臂梁验算切口齿槛的抗冲击强度和稳定性，验算齿槛与基础交接断面的剪应力，若不满足要求，应加大断面尺寸或增加局部配筋量。

④对迎水面及过流面应加强防冲击、抗磨损处理。

4．刚性格子坝

刚性格子坝包括型钢制作的平面格子坝和用钢管、组合钢构件制作的立体格子坝，以及预制钢筋混凝土构件制作的立体格子坝。下面以钢管格子坝为例说明其设计要点。

所谓钢管格子坝，是指在泥石流沟道内用钢管制作成某一尺度的装配式立体格子骨架，其顶部为自由端，下部固定在一定厚度的混凝土基础上，钢架节点及其与基础的连接均用钢制法兰和螺丝固定，从而构成一立体格子型坝体，作为泥石流拦挡坝的溢流段。副坝（非溢流段）采用重力式坝型，格子坝与副坝间互不连接，各自成一独立的整体（图4-10）。

图4-10　钢管格子坝

钢管格子坝的特点是具有相当的强度，能抵御泥石流的冲击，同时拦截泥石流体的粗大石块，而让泥沙水流排向下游，因此减少了泥石流的动能及规模，起到稳定沟床的作用。

（1）钢管格子坝立体格子尺寸确定

根据实验，单个立体格子尺寸的大小与所拦阻的泥石流体中大石块粒径等有关，故在溢流段仍可按式（4-27）计算

$$1.5 \leq \frac{b}{D_m} \leq 2.0 \tag{4-27}$$

式中，b 为单个立体格子的宽度（m），D_m 为泥石流搬运的最大颗粒粒径。但为促使水流集中，在非溢流段的格子间隔尺寸（b'）应比溢流段为小，可取：

$$b' = (0.8 \sim 1.0)D_m \tag{4-28}$$

（2）设计外力（荷载）计算

①泥石流的流动压力

沿泥石流流动方向作用于管柱垂直投影面上的水平流动压力 f_{cm}，按均布荷载作用考虑，算式如下：

$$f_{cm} = \frac{k\gamma_c U^2_c B}{g} \tag{4-29}$$

式中，k 是取决于立柱形态的系数，对于管柱，$k=0.04$；B 为沿流体流动方向支柱的垂直投影面宽度（m）；γ_c、U_c 为泥石流体容重及流速。

②巨石的冲击力

按集中荷载以泥石流龙头高的三分点为其力的作用点，作用于枪子体上游的第一排格子上，冲击力的计算式如下：

$$F_c = \frac{\gamma_c U^2_c A}{g} \tag{4-30}$$

式中，A 为投影面积，其他参数同前。

③泥沙压力

假定坝下游泥沙厚度为上游泥沙厚度的1/3，并连接上游坝面顶点与下游面之泥沙淤积面的交点，通过支柱在两点之间的高度比分配土压强度。泥沙压力对一根支柱的作用范围为3倍管径，泥沙压力 F_s 按下式计算：

$$F_s = C_c[\gamma_s - (1.0-\alpha)\gamma_w]H_d \tag{4-31}$$

式中，C_c 为上压系数（=0.5）；γ_s、α 为泥沙堆积体的单位体积重量及孔隙比；γ_w

为水的容重。

④静水压力

静水压力作用的基本图式与泥沙压力相似，作用于一根支柱上的静水压力的作用范围等于管柱直径。静水压强 F_{w1} 为：

$$F_{w1} = \gamma_w H_d \tag{4-32}$$

（3）荷载组合与安全系数的考虑

一般荷载组合为：①格体自重+流体动压力+冲击力；②格体自重+流体动压力+冲击力+泥沙压力+静水压力；③格体自重+泥沙压力+静水压力+温度应力等，安全系数均取1.5，以②及③两组常用。泥石流与地震、泥石流与支柱温度应力的最大值及地震同时发生的频率极低，故可不必同时考虑。

（4）钢管立体格子部件设计

当采用计算机或用一般的结构力学方法计算出各个部件的受力值后，就可根据钢管材料表查出所需的基本管径基及管壁厚度，但考虑到泥石流对钢管构件表面塞损及锈蚀，故在所选用的基本管径础上另外再加磨损厚度（一般为5mm）和锈蚀厚度（3mm）。其他金属部件和副坝均可按有关方法设计。

（5）钢构件立体格子坝

铁道部铁道科学研究院西南研究所设计了2种系列，可供铁路沿线泥石流防治工程选用。

①钢轨立体格子坝（用43kg/m型号钢轨）

泥石流设计荷载为10t/m，坝基为软质岩，坝体为三角形组成的格子结构。各杆件之间用节点板和1栓拼接，坝体支座与混凝土基础板之间以预埋锚杆连接，用种类不多的杆件和节点板可组成不同坝高和坝长的格子坝。

②钢轨桁式立体格子坝（用43kg/m型号钢轨）

泥石流设计荷载为10t/m"，地基为砂邹石层.坝体为钢轨杆组合多层平面架所构成，杆件用节点板和螺栓拼接，基本坝高为3m，架的层高为2m，节间长为4m，坝高可按2m的层高任意增加层次，坝长则在8～20m之间变化，格子间距可以调节，坝中部不设支墩。

以上2种系列的钢轨杆件由工厂制造，运至工地，现场浇筑基础拼装坝体。

5. 柔性格网坝

泥石流柔性格网坝是在用于落石拦截的被动防护系统（常称拦石网）基础上改进发展起来的，除早期的部分试验工程采用了钢丝绳网外，主要采用的是自身柔性或抗冲击能力较强的环形网。根据其结构形式，柔性格网坝可以分为2种类型，即VX型（图4-11a）和UX型（图4-11b），其主要区别在于结构的中部是否有钢柱，并适用于不同宽度的泥石流沟。当泥石流沟较窄时（通常 $b<12m$），一般采用VX型结构，系统中部不设置钢柱；当泥石流沟较宽时，一般采用中部设有钢柱的UX型结构。

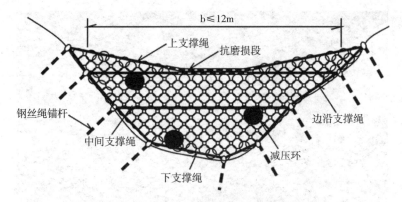

（a）VX型泥石流柔性格网坝结构示意图

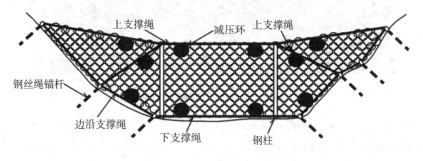

（b）UX型泥石流柔性格网坝结构示意图

图4-11　泥石流柔性格网坝结构示意图

　　泥石流柔性格网坝在防护功能上类似于格栅坝，所不同的是它具有了高抗冲击能力的柔性特征。柔性网为可渗透结构形式，水和较小颗粒的泥沙被排走，较大的岩块被拦截并沉积下来形成天然的防护屏障。泥石流冲击所具有的动能主要是被柔性网吸收，并将所承受的载荷通过支撑绳、锚杆传递到地层。柔性网有一个很显著的特性就是抵抗点状冲击，这种特性对于稀性泥石流防护是非常理想的，因为稀性泥石流中大部分大块物质主要集中于泥石流的前端。

　　泥石流柔性格网坝具有明显的柔性特征和开放的结构形式，能够承受更大的冲击载荷，对于泥石流沟地形条件具有极好的适应性，且不构成环境景观的破坏，具有布置灵活、结构美观、安装快捷方便、投资少、便于维护等技术经济优势。

　　国内最早采用泥石流柔性格网坝的试验性工程实例是1997年在四川西昌东河，东河泥石流柔性格网坝宽70m，高5m。支撑采用是刚性结构，拦截系统为柔性的菱形钢丝绳网，是一种刚柔结合的特殊结构。但是，在运行一年后，发现该工程刚性支撑结构发生破坏，柔性钢丝绳网仍然完好。现场调查分析发现，其主要原因正是由于刚性支撑结构的抗变形能力较差所致，即在该拦挡坝拦截堆存了大量泥石流固体物质后，后续泥石流翻坝的强烈冲刷使结构基础裸露悬空，且有部分发生了移位，致使上部钢支架发生扭曲变形破坏。

图4-12　泥石流柔性格网坝

　　自2003年以来，南昆铁路柳州局管段内对多条泥石流沟采用了柔性格网坝，沟宽多在10～20m间，UX和VX型系统均有采用，系统高度在2～5m，且在部分泥石流沟内采用了分开布置的多道防护网。这些柔性防护网的采用，给该铁路沿线的泥石流整治带来了非常好的效果，迄今一直运行良好。

　　但是，由于对泥石流柔性防护系统的研究还不够系统和深入，缺乏相关工程实践的长期经验，因此，目前多将泥石流柔性防护系统的适用范围限制在流域宽度小于30m的中小型泥石流沟内使用，且泥石流固体物质最大体积小于1000m³，最大流速不超过5～6m/s。

　　6. 桩林

　　在暴发频率较低的泥石流沟道的中下游，或含有巨大漂砾、危害性又较大的泥石流沟口，利用型钢、钢管桩、钢筋混凝土桩林等横断沟道，拦阻泥石流中粗大固体物质和漂木等，使之逐渐减速停积，从而达到减少泥石流危害的目的（图4-13）。泥石流活动停止后，将淤积物清除，使库内容量恢复，等待拦阻下一次泥石流物质。舟曲特大泥石流沟就采用了多个钢筋混凝土桩林拦阻泥石流中粗大固体物质。

　　桩体沿垂直流向布置成两排或多排桩，纵向交错成三角形或梅花形。桩间距的设置参考梳齿坝：

$$1.5 < b/D_m \leqslant 2.0 \qquad (4-33)$$

　　式中：b为桩的排距和行距（m）；D_m为泥石流流体中的最大石块粒径。

图4-13 "V"型排布桩林

桩高（露出地面部分），一般限制在3～8m的范围内。经验计算公式为：

$$h=（2～4）b \qquad (4-34)$$

式中：h为桩高（m）；b为桩的排距和行距（m）。

桩体采用钢轨、槽钢、钢管或组合构件（人字形、三角形组合框架），或用钢筋混凝土柱体组成。

桩基应埋在冲刷线以下，可用混凝土改浆砌石做成整体式重力坞工基础。若采用挖孔或钻孔施工，直接将管、柱埋入地下亦可，但埋置深度应不小于总长度的1/3。

桩体的受力分析与结构设计可按悬臂梁或组合悬臂梁进行计算。

7. 鱼脊型水石分离结构

上述介绍的各种透水型拦沙坝在泥石流防治过程中能起到一定的拦粗排细、控制泥石流流量、削减泥石流规模等作用。然而，从这些结构的实际应用效果来看，均存在一个普遍问题，即由于结构设计的局限性，使其结构开口易被分离出的固体颗粒淤积和堵塞，从而导致结构的水石分离功能不能持续发挥。为解决这一问题，韦方强等提出了一种新型的鱼脊型水石分离结构。

鱼脊型水石分离结构是由引流坝、水石分离格栅、泄流槽、停积场等各部分组成（图4-14）。该结构的工作原理为：当泥石流通过引流坝流到水石分离格栅上后，粒径小于格栅开口宽度的固体颗粒和泥石流浆体透过格栅落入泄流槽，继续沿着沟道运动，而粒径大于格栅开口宽度的固体颗粒被分离出来，并沿着格栅表面滑落到两侧的停积场，不堵塞格栅开口，使结构能够持续的实现水石分离功能，分粗排细，减少泥石流中砾石含量，减小泥石流破坏力，降低泥石流密度，从而达到减灾目的。该结构能分离的粗颗粒并使分离的粗颗粒在重力作用下自主脱离格栅，不堵塞格栅开口，从而解决了现有结构水石分离功能不能持续发挥的问题。

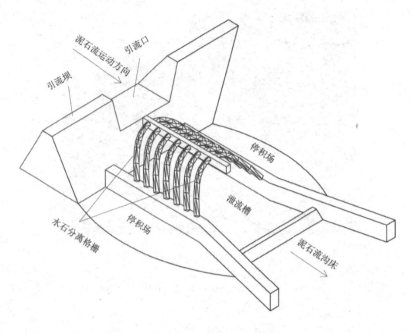

图4-14　鱼脊型水石分离结构示意图

（1）适用范围

试验研究表明，在不同密度下，结构对粒径大于设计分离粒径的固体颗粒均有良好的分离能力，但是当泥石流密度大于等于1900kg/m³后，被结构分离到停积场的小于设计分离粒径的固体颗粒明显增多，而且调节泥石流密度的能力也显著降低。因此，鱼脊型水石分离结构的最佳适用范围为密度小于1900kg/m³的泥石流，超过此范围后，其功能的发挥将显著降低。

（2）关键参数的确定

①水石分离格栅坡度

水石分离格栅坡度影响格栅的倾斜程度，如果格栅坡度太小，固体颗粒直接停留在格栅表面，影响结构水石分离功能的持续发挥。通过实验表明，为了使固体颗粒不停留在格栅表面，同时结构具有良好的水石分离效果，即结构有分选地分离粒径大于设计分离粒径的固体颗粒，试验中水石分离格栅坡度的合理取值为35°～38.7°。同时，由土力学的知识可知，一般砾石或卵石的天然休止角为35°～40°。因此实际应用中，只需使水石分离格栅坡度等于固体颗粒的天然休止角，泥石流便不会停留在格栅表面，同时也不会由于泥石流在格栅上的流速过大造成水石分离不充分。

②水石分离格栅肋梁倾角

水石分离格栅肋梁倾角即肋梁与脊梁的夹角，其决定了格栅开口的倾斜方向。试验研究表明，为了使结构具有良好的水石分离效果，即结构有分选地分离粒径大于设计分离粒径的粗颗粒，肋梁倾角的取值可取为70°～80°。

③水石分离格栅跨度

为了使结构具有最佳的使用效果，水石分离格栅应具有一定的跨度，使泥石流在格栅上充分完成水石分离，即让泥石流中粒径大于设计分离粒径的固体颗粒尽量分离到停积场，同时让粒径小于设计分离粒径的固体颗粒和泥石流浆体尽量透过格栅，流入泄流槽，继续沿着沟道运动。

假设泥石流从引流口流出后，首先经过抛物线运动下落到格栅表面，然后沿格栅表面运动并进行水石分离．在流到格栅上的泥石流流体中，从引流口左右两侧流出的泥石流流体下落高度Z最大，其下落到格栅时的流速也就最大，同时，该部分泥石流流体下落到格栅的位置与停积场之间的距离S最小，其在格栅上的运动时间最短．所以，如果从引流口左右两侧流出的泥石流流体能在格栅上充分完成水石分离，则所有泥石流流体在格栅上均能充分完成水石分离。也即：当格栅跨度为最佳值时，粒径大于设计分离粒径的固体颗粒在格栅上的运动时间正好等于粒径小于设计分离粒径的固体颗粒和泥石流流体透过格栅的时间。

根据以上分析和假设，通过理论计算最终可得水石分离格栅跨度的计算公式如下：

$$B = h\sin 2\theta + b \tag{4-35}$$

式中：h为泥石流从引流坝流出时的流深；θ为格栅坡度；b为引流口宽度。

（4）水石分离格栅长度

水石分离格栅纵向上的需要足够的长度以保证从引流口流出的流体全部经过水石分离格栅的分离作用。根据理论分析可知，其最小长度应等于泥石流在格栅上运动的最长的水平距离，其计算公式如下：

$$L = \frac{Q_c}{(b+mh)h} \sqrt{\frac{B}{g\sin\theta\cos\theta}} \tag{4-36}$$

式中：Q_c为泥石流流量；b为引流口宽度；h为泥石流从引流坝流出时的流深；m为引流口坡度系数；B为格栅宽度；θ为格栅坡度。

（5）水石分离格栅肋梁开口间距

肋梁间距D值的确定与泥石流中携带的颗粒物质粒径以及减灾目标有关。本文作者提出了基于物质与能量调控标准的鱼脊型水石分离结构肋梁开口间距的确定方法，具体步骤如下：

①确定泥石流物源颗粒级配、物源总量、沟道宽度、沟道坡度等基础资料；

②根据颗粒粒径确定肋梁间距初始值D_b，计算泥石流初始泥沙浓度C_b（式4-37）：

$$C_b = \frac{\rho_w \tan\theta}{(\rho_s - \rho_w)(\tan\varphi - \tan\theta)} \tag{4-37}$$

式中，ρ_w、ρ_s分别为水的密度和砂石的密度（g/cm³）；θ为沟道坡度（°）；φ为

砂石的内摩擦角（°）。

③根据已确定的其他结构参数，计算水石分离格栅设计库容V_m。

$$V_m = L \times h_1 \times (B_w - B) \tag{4-38}$$

式中，L为水石分离格栅纵向长度；h_1为水石分离格栅支撑墩高度；B_w、B分别为沟道宽度和水石分离格栅宽度。

④根据物源颗粒级配曲线，计算大于初始开口宽度D_0的物源颗粒所占百分比X，以及可通过肋梁间距的细颗粒平均粒径d_f（式4-39），根据式4-40计算物质分离率理论最小值P_{tmin}。

$$d_f = \frac{\sum d_j w_j}{\sum w_j} \tag{4-39}$$

$$P_{t\min} = 1 - \frac{1}{(G_s + 1)C_b} \tag{4-40}$$

式中，P_{tmin}为物质分离率最小值（%）；G_s为固体砂石的比重，为砂石重度与水的重度之比；d_j为各粒径段的平均粒径，w_j为各粒径段物质量占总物质量的比例；其余符号同前。

⑤计算物质总分离率P_t和分离物的量V_{ss}

$$P_t = 0.873X + (\frac{D}{d_f})^{-1.50}(1 - X) \tag{4-41}$$

$$V_{ss} = P_t \times V_{st} \tag{4-42}$$

式中，X为大于肋梁开口宽度D的物源颗粒所占百分比；D为肋梁开口宽度（mm）；可通过肋梁间距的细颗粒平均粒径d_f（mm）；V_{st}为物源总量（m³）。

⑥判断P_t与P_{tmin}，以及设计库容V_m与分离物的量V_{ss}之间的大小，若满足下式：则初始确定的开口宽度D_0满足要求，否则调整D_0或设计库容，重复上述步骤，直至满足要求为止。

$$\begin{aligned} P_t &\geqslant P_{t\min} \\ V_{ss} &\leqslant V_m \end{aligned} \tag{4-43}$$

⑦其次，如果泥石流搬运有漂木，则还需同时考虑漂木的分离效果，肋梁开口宽度还需满足下式要求：

$$\frac{D}{l} \leqslant 3.84 \tag{4-44}$$

⑧ 综上所述，肋梁开口间距取满足要求的最小值。

4.3.2.3　强度计算

1. 荷载种类与计算

由于引流坝引流口与水石分离格栅肋梁之间存在一定高差，泥石流从引流坝引流口流出下落到格栅肋梁时，泥石流在竖直方向具有一定流速，所以肋梁将受到泥石流的冲击作用。因此，格栅肋梁将主要受到泥石流流体重力、泥石流中大石块冲击力及泥石流流体动压力3种竖向荷载作用。

1）泥石流流体重力

假设泥石流从引流口流出后，沿脊梁长度方向均匀分布，且流深仍为泥石流流经引流口时的溢流深。由于泥石流在格栅上运动时，将迅速透过或滑离格栅，所以可忽略沿格栅表面运动的泥石流流体，即肋梁受到的泥石流流体重力可简化为分布荷载，其荷载集度可由式（4-45）计算：

$$q_1 = \frac{1}{n}\gamma_c ghl \tag{4-45}$$

$$n = \left[l/(D+b_r) \right] + 1 \tag{4-46}$$

$$l = 0.285v + 0.032\gamma_c - 0.2 \tag{4-47}$$

式中：q_1为由泥石流流体重力引起的分布荷载集度，n为泥石流均匀流深范围内的肋梁个数，γ_c为泥石流容重，g为重力加速度，l为泥石流均匀流深的长度，h为泥石流流经引流口时的溢流深；D为水石分离格栅肋梁间距，b_r为水石分离格栅肋梁截面宽度。

2）泥石流中大石块的冲击力

由于引流口与格栅肋梁之间具有一定高差，因此肋梁将受到泥石流中大石块的冲击作用，根据能量守恒定律，大石块的冲击能量将转化为大石块与肋梁接触面的弹塑性应变能和肋梁的弯曲变形能，即：

$$\frac{1}{2}mv_s^2 = \int_0^{\delta_{\max}} c\delta^n d\delta + \int_L \frac{(M_x)^2_F}{2EI}ds \tag{4-48}$$

式中，m为大石块质量，v_s为大石块落到肋梁上时垂直于肋梁的流速，c、n为材料特性参数，δ为大石块冲击过程中肋梁的法向变形量，$(M_x)_F$为大石块冲击力F作用下肋梁任意截面的弯矩，E为肋梁弹性模量，I为肋梁截面惯性矩。

$$v_s = v_y\cos\alpha = \sqrt{2g(H-y)}\cos\alpha \qquad 4-49$$

式中，v_y为大石块落到肋梁时的竖向流速，α为大石块与肋梁接触处肋梁切线与水平线所成的锐角（当肋梁为"V"形时，$\alpha=\theta$），H为格栅肋梁竖直高度，y为大石块冲击位置处（$x=x_1$）的坐标y轴取值。

同时，肋梁受到的大石块冲击力为：

$$F = c\delta_{max}^n \qquad (4\text{-}50)$$

式中，F为肋梁受到大石块的冲击力，δmax为大石块冲击下肋梁接触面上的最大法向变形量，其余符号意义同前。联立上面3式即可计算出肋梁受到的大石块冲击力。

3）泥石流流体的动压力

肋梁承受的泥石流流体动压力荷载集度与肋梁形状有关。当肋梁为"V"形和拱形时，泥石流流体动压力分别为对称三角形和曲线型分布荷载，最大荷载集度表达式为：

$$q_2 = 2Kb_r\rho_f g(H - y|_{x=(B+b)/2}) \qquad (4\text{-}51)$$

式中：q_2为泥石流流体动压力引起的最大荷载集度；K为经验参数，可取0.5；ρ_f为泥石流浆体容重；其他参数同前。

2. 内力计算

根据水石分离格栅肋梁的受力特点，肋梁的强度验算主要包括抗弯强度和抗剪强度2部分。

1）抗弯验算

$$\frac{F_N}{A} \pm \frac{M}{\gamma W} \leq f \qquad (4\text{-}52)$$

式中，F_N为危险截面处轴力，A为截面面积，M为危险截面处弯矩，γ为截面塑性发展系数，W为截面模量，f为钢材的抗拉、抗压和抗弯强度设计值。

2）抗剪验算

$$\frac{F_s S}{Ib} \leq f_v \qquad (4\text{-}53)$$

式中，FS为危险截面处的剪力，S为截面面积矩，I为截面惯性矩，b为肋梁截面宽度，fv为钢材的抗剪强度设计值。

在实际应用中，可事先假定截面的型式与尺寸，根据结构静力学理论分别计算上述肋梁荷载引起的截面弯矩、剪力与轴力。然后将3种荷载引起的截面内力相叠加，便可得出肋梁任意截面的内力。然后根据上述强度验算方法进行试算，最终得到满足强度条件合理的肋梁截面型式尺寸。

4.3.3　排导工程

　　泥石流排导工程是最常用的泥石流防灾减灾工程措施之一，是利用已有的自然沟道或由人工开挖及填筑形成的开敞式槽形或隧洞过流建筑物，将泥石流顺畅地导排至下游非危害区，控制泥石流对流通区或堆积区的危害。

　　排导工程包括排导槽、导流防护堤、渡槽或隧洞等，一般布设于泥石流沟的流通段及堆积区。当地形等条件对排泄泥石流有利时，宜优先考虑采用。修建排导工程应具备以下地形条件：

　　（1）具有一定宽度的长条形沟段，满足排导工程过流断面的需要，使泥石流在流动过程中不产生漫溢。

　　（2）排导工程布设区应有足够的地形坡度，或人工创造足够的纵坡，使泥石流在运行过程中不产生危害建筑物安全的淤积或冲刷破坏。

　　（3）排导工程布设场地基本顺直，或通过截弯取直后能达到比较顺直，以利于泥石流的排泄。

　　（4）排导工程的尾部应有充足的停淤场所，或被排泄的泥沙、石块能较快地由大河等水流所挟带至下游。在排导槽的尾部与大河交接处形成一定的落差，以防止大河河床抬高及河水位大涨大落导致排导槽等内的严重淤积、堵塞，从而使排泄能力减弱或失效。

　　（5）当泥石流特性为稀型、频率低频、水流挟沙粒径小于3m、沟道狭长弯曲、山体地质条件较好、地形上具备截弯取直且距离较短时，可考虑采用隧洞导排泥石流。为防止较大粒径的漂石或树枝堵塞洞口，在洞口上游需布设拦挡设施。

4.3.3.1　排导槽

1．排导槽布置基本原则

　　排导槽的总体布置应力求线路顺直、长度较短、纵坡较大，以有利于排泄。在布置时应遵循以下原则：

　　①排导槽应因地制宜布置，尽可能利用现有的天然沟道加以整治利用，不宜大改大动，尽量保持原有沟道的水力条件，必要时可采取走堆积扇脊、扇间凹地、沿扇一侧的布置方式。同时，排导槽总体布置应与沟道的防治总规划或现有工程相适应。

　　②排导槽的纵坡应根据地形、地质、护砌条件、冲淤情况和天然沟道纵坡等情况综合考虑确定，应尽量利用自然地形坡度，力求纵坡大、距离短，以节省工程造价。

　　③排导槽进口段应选在地形和地质条件良好的地段，并使其与上游沟道有良好衔接，使流动顺畅，有较好的水力条件。出口段也应选在地形良好地段，并设置消能、加固措施。

　　④排导槽应尽量布置在城镇、厂区、村庄的一侧，在穿越铁路、公路时，要有相应连接措施；同时排导槽在穿越建筑物时，应尽量避免采用暗沟。

⑤槽内严禁设障碍物影响泥石流流动。泥石流排导槽自上而下由进口段、急流槽和出口段3部分组成，由于各部分的功能和作用不同，它们对平面布置的要求也不同。首先应考虑控制断面和过渡段的布置，以利于流动和衔接。

2．排导槽的平面布置

排导槽的平面布置按位置可分为进口段、急流段和出口段（图4-15）；形态上主要有4种：直线形、曲线形、喇叭收缩形和喇叭扩散形（图4-16）。这4种平面布置形态单独使用的情况不多，大多是几种类型的组合。各地域因泥石流性质、地形地质和修建日期的的不同，排导槽平面布置各具特色。

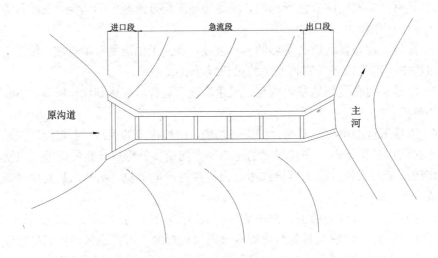

图4-15　泥石流排导槽平面布置

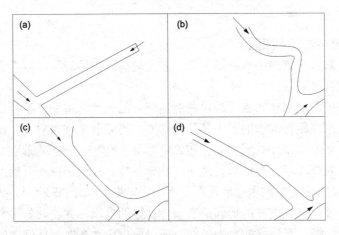

图4-16　泥石流排导槽平面形态示意图

a：直线形　b：曲线形　c：喇叭收缩形　d：喇叭扩散形

（1）进口段布置

①利用上游控流设施布置进口段：当上游有拦沙坝、溢流堰、低槛等控流设施，

布置进口段时应加以利用，使流体经过节流、导向、控制含沙量等调节作用后能平稳无阻地进入带内，应使排导槽进口段的入流方向与经控流设施后泥石流流体的出流方向一致，并具有上宽、下游窄、呈收缩渐变的倒喇叭外形，喇叭口与山沟槽平顺连接。豁性泥石流或含大量石块的水石流的收缩角一般为α≤8°～15°，高含沙水流和稀性泥石流的收缩角一般为α≤15°～25°。同时过渡段长度 $L=（5～10）B_{cp}$（B_{cp} 为设计条件下的平均泥面宽，单位为m），横断面沿纵轴线尽可能对称布置。

②上游无控流设施进口段布置：如果上游无控流设施，拦沙库进口段应选在地形和地质条件很好的地段，尽可能选择沟道两岸流向较为稳定、顺直的颈口和狭窄段，或在沟道凹岸一侧具有稳定主流线的坚土或岩岸沟段布置入坝口，使入流口具有可靠的依托。否则，可在进溢流段口上游修建相应的具有节流、导向、排沙或防冲等辅助功能的入流防护措施，如导向潜坝、主沟引流导流堤、低槛和分流墩等。

（2）急流段布置

急流槽在全长范围内力求采用宽度一致的直线形平面布置，当受地形条件限制必须排导槽转折时，以缓弧相接的大钝角相交折线形布置，转折角α≥135°～150°，并采用较大的弯道连接半径（R_s），对黏性泥石流，$R_s≥（15-20）B_{cp}$，对稀性泥石流 $R_s≥（8～10）B_{cp}$。

当急流槽与道路、堤坝建筑物交叉或在槽的纵向底坡变化处，急流槽的宽度不得突然放宽或突然收缩，应采用渐宽或渐窄的连接方式，渐变段长度 $L≥（5～10）B_{cp}$，扩散角或收缩角α≥5°～10°％急流槽沿程有泥石流支沟汇入口，支槽与急流槽宜顺流向以小锐角相交，交角α≥230°，在汇入口下游按深度不变扩宽过流断面，或维持槽宽不变增加过流深度以加大排泄能力。

（3）出口段布置

为顺畅排泄泥石流，排导槽的出口段宜布置在靠近大河主流或者有较为宽阔的堆积场地处，且避免在堆积场地产生次生灾害。排导槽出口主要有自由出流和非自由出流2种方式：自由出流不受堆积扇变迁、主河摆动及汇流组合的影响，泥石流可顺畅地被输送到主河，排往下游或就地散流停淤；非自由出流因排导槽槽尾出流受阻，被迫改变流向，流速降低，输沙能力减小，部分固体物质在出口处落淤，以致出流不畅，产生回堵，倒灌或局部冲刷等现象，排泄效果大大降低，甚至危及排导槽自身的安全。排导槽出口主流轴线走向应与下游大河主流方向以锐角斜交，避免垂直或钝角相交，否则泥沙会大量落淤，甚至引起大河淤堵。在地形条件允许的情况下，可采用渐变收缩形式的出口断面或适当抬高槽尾出流标高，尽可能保证自由出流，以避免主河顶托回水淹没造成的危害。槽尾标高一般应大于主河二十年一遇的洪水位，以避免主河顶托而致溯源淤积。

出口段的尾部尽可能选在堆积扇被主河冲刷切割的地段，即输沙能力较强处，山坡泥石流排导槽的延伸段长度应控制在30m范围内，防止散流漫淤。对冲刷强烈的出口尾部，特别是自由出流方式，泥石流会产生强烈的冲刷，冲刷使槽的基础悬空，会危及排导槽出口尾部的安全，必须设置相应防冲措施，但防冲消能措施不得设置在槽尾出口附近，以免产生顶托回淤，阻碍排泄。

3.肋槛软基消能排导槽

我国从20世纪60年代中期起，在云南东川泥石流的防治工作中，逐步将传统排泄沟向泥石流排导槽过渡，创建并完善了肋槛软基消能排导槽，也称为"东川型泥石流排导槽"。

图4-17　肋槛软基消能排导槽

肋槛软基消能排导槽通过饱含碎屑物的泥石流与沟床质激烈搅拌，耗掉运动余能，以维持均匀流动。肋槛保持消力塘中的碎屑物体积浓度，使冲淤达到平衡，基础不被淘空。通过槛后落差消失，自动调整泥位纵坡和流速，使沿程阻力和局部阻力协调，保持泥石流重度和输移力的恒定。

（1）槽身结构形式与受力分析

肋槛软基消能排导槽为规则的棱柱形槽体，排导槽进口、急流槽和出口部分结构形式基本相同，沿流向槽的几何形状、尺寸及受力无显著变化，可按平面问题处理，其结构形式如（图4-18）所示，有分离式挡土墙-肋槛组合结构和分离式护坡-肋槛组合结构等。

图4-18　肋槛软基消能排导槽断面形式

在肋槛软基消能排导槽的运行过程中，为使结构安全，总体和组合单元的强度和稳定性、耐久性等均应满足使用要求。

①挡土墙：设计荷载下，其抗滑、抗倾和地基承载力验算均应满足要求。

②倾斜护坡：验算厚度和刚度，避免由于不均匀沉陷变形和局部应力而折断、开裂，验算砌体和下卧层之间的抗滑稳定性是否满足要求。要求松散下卧层的安息角大于护坡倾斜角，对堆积层或坚土，其坡度m=1∶0.5～1∶1；同时，不得因护砌拖曳在下卧层中产生剪切破坏。

③肋槛：验算最大冲刷深度，槛基不得悬空外露，槽底坝基达冲刷平衡纵坡时，槛基深应为槛高的1/2～1/3。槛顶耐磨层的耐久性应符合使用年限的要求。

（2）排导槽纵断面设计

排导槽的纵坡原则上应沿槽长保持不变，选择的纵坡应与泥石流沟流通段的沟床纵坡基本保持一致，并根据泥石流的不同规模验算排导槽内产生的流速，该值应不大于排导槽所能允许的防冲刷流速。在特定的地形地质条件下，其纵坡只能由小逐渐增大。若纵坡由大突然减小，则将因流体功能消失过大，而造成槽内严重停淤和堵塞。根据泥石流多年研究结果及对已建大量泥石流排导槽的调查分析，建议合理纵坡的取值见（表4-3）。

表4-3　泥石流排导槽合理纵坡表

泥石流性质	稀性		黏性		
容重/t/m	1.3～1.5	1.5～1.6	1.6～1.8	1.8～2.0	2.0～2.2
纵坡%	3～5	3～7	5～10	5～15	10～18

（3）排导槽横断面设计

①横断面形式、形状：排导槽多位于泥石流堆积区，由于受纵坡限制，常为淤积问题所困，如何减小阻力、提高输沙效率，使排导槽具有最佳水力特性的断面形状和尺寸，是横断面设计的关键。不同形状的过流横断面具有不同的阻力特性，当纵坡和糙率一定时，在各种人工槽横断面中，梯形断面、矩形断面、V形或弧形底部复式断面具有较大的水力半径，输移力较大，应予优先采用。

一般情况，梯形或矩形断面适用于一切类型和规模的泥石流和洪水的排泄，宽度不限，对纵坡有限的半填半挖土堤槽身，梯形断面更为有利。三角形断面适用于频繁发生、规模较小的黏性泥石流和水石流的排泄，宽度一般不超过5m。复式断面用于间歇发生、规模相差悬殊的泥石流和洪水的排泄，其宽度可调范围较大（图4-19）。

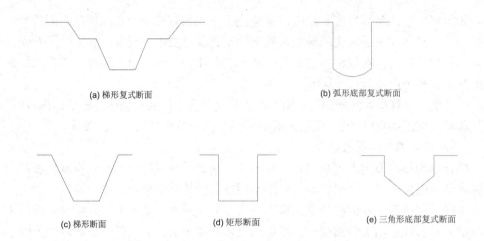

(a) 梯形复式断面　　　　　　　　　　　　(b) 弧形底部复式断面

(c) 梯形断面　　　　　　(d) 矩形断面　　　　　(e) 三角形底部复式断面

图4-19　排导槽横断面形式

横断面形状和尺寸的设计还应结合排导槽的纵坡进行综合考虑：选择纵坡与断面的优化组合。一般情况下，若排导槽纵坡较陡，宜选用矩形、U形等宽浅断面或复式断面，利用加糙和减小水力半径来消除运动余能，避免泥石流对槽体的冲刷，如果排导槽设计纵坡与泥石流起动的临界纵坡接近，则槽身横断面应选择梯形或三角形窄深断面，以减小阻力，降低运动消耗，避免槽内固体物质的淤积，顺畅排泄。

②断面面积计算：按排导槽通过设计的流量和允许流速计算横断面面积：

$$A = \frac{Q}{U} \qquad (4\text{-}54)$$

式中，A为横断面面积（m）；Q为设计流量（m³/s）；U为通过设计流量的平均流速（m/s）。

③横断面尺寸拟定：根据断面形状，初定宽深比的范围。梯形或矩形断面宽深比为2～6；复式断面宽深比为3～10；三角形断面为1.5～4。

$$B_f = \left(\frac{I_b}{I_f}\right)^2 B_b \qquad (4\text{-}55)$$

式中，B为排导槽设计宽度（m）；I_f为排导槽设计纵坡（%）；B_b为流通段沟道宽度（m）；I_b为流通段沟床纵坡（%）。

为充分利用较小规模的洪水冲洗内残留层和淤沙，应现场调查枯水期沟道的稳定平均底宽，作为排导槽底宽的设计依据，且底宽应满足B≥2.0～2.5D_m，D_m为沟床质最大粒径。

（4）排导槽深的确定

直线排导槽深为最大设计泥深（H_c）、常年槽内淤积总厚（h_s）及安全超高（$h_{\triangle s}$）三者之和，即：

$$H = H_c + h_s + h_{\Delta s} \tag{4-56}$$

$$H_c \geqslant 1.2 D_m \tag{4-57}$$

式中：H_c为设计最大泥深；h_s为常年淤积厚度；$h_{\Delta s}$为安全超高，一般取$0.5\sim1$m，规模较小、重要性低的圬工结构取下限；规模较大、重要的结构或土堤取上限。弯道段需加入弯道超高。

急流槽的宽深比不应太小，宜采用$1:1\sim1:1.5$。排导槽横断面有不同的形式，一般采用梯形、矩形和三角形底部复式断面；矩形和梯形复式断面适用于各种类型和规模的山洪泥石流，槽底宽度不受限制。三角形断面更适用于排泄规模不大的黏性泥石流。设计时需拟定几组断面尺寸，比较其水力条件和造价等，择优选用。具体可参见铁道部第二勘测设计院归纳的计算公式。一般多选用可冲洗底宽，以利用枯期水流或稀性泥石流来冲淤，枯水期沟道的稳定平均底宽B由现场调查确定，应满足下式：

$$B \geqslant (2.0\sim2.5) D_m \tag{4-58}$$

式中：D_m为沟床质的最大粒径；也可用沟床质中值粒径d_{50}的淹没态可冲刷流速确定。

（5）结构设计

①直墙和护坡的稳定分析与强度设计：对于直墙，其受力荷载主要有直墙的自重、泥石流体重、泥石流静压力、泥石流整体冲击力、泥石流中大石块碰撞力、直墙背后土压力以及渗透压力和地震力。直墙的强度设计主要满足抗滑、抗倾覆和地基承载力的要求。

对于护坡排导槽，其受力荷载与直墙受力荷载基本相同，其强度设计主要验算护坡的厚度和刚度，以避免开裂和折断，同时验算护坡和下卧层之间的抗滑稳定性。

②肋槛和地基抗冲稳定性验算：排导槽的作用是防淤排泄，然而排导槽本身又需防冲刷破坏。即使局部冲刷也会给排导槽带来严重的后果。影响泥石流冲刷深度的因素很多，通常可用实际观测、调查访问的资料结合冲刷计算结果，综合分析以确定冲刷深度。为防止冲刷破坏，避免因冲刷而造成排导槽失效，对分离式的排导槽主要采取加深墙（堤）的基础，泄床铺砌、泄床加防冲肋槛等措施。对于纵坡陡、流量大、沟道宽、冲刷大、加深基础有困难或基础埋置太深不经济，护底铺砌造价太高和维修有困难的，在沟床加防冲肋槛是行之有效的方法。

验算最大冲刷深度要求：肋槛不得悬空外露；槽底软基冲刷平衡纵坡时，槛基埋深应为槛高的$1/2\sim1/3$，肋板厚度一般为1.0m，防冲肋槛与墙（堤）基砌成整体，肋槛顶一般与沟床底平，边墙基础深度按冲刷计算确定，一般为$1.0\sim1.5$，肋槛沿沟床的间距可按下式计算：

$$L = \frac{H - \Delta H}{I_0 - I^{'}} \qquad\qquad (4\text{-}59)$$

式中，L为防冲肋槛间距（m）；H为防冲肋槛埋置深度（m），一般取$H=1.5\sim2.0$m；ΔH为防冲助槛安全超高（m），一般取$\Delta H=0.5$m；I_0为排导槽设计纵坡（%）；$I^{'}$为助板冲刷后的排导槽内沟槽纵坡（%），一般取$I^{'} = （0.25\sim0.5）I_0$。

肋槛是软基消能排导槽的关键部件，除上述方法确定肋槛间距外，也可根据纵坡的大小在10～25m按表4-5选用。肋槛高度一般以1.50～2.50m为宜，并按潜没式布设。

表4-5 排导槽肋槛布置间距

纵坡/‰c	>100	100-50	50～30
间距/m	10	10～15	15～25
槛高/m	>2.50	2.50～2.00	2.00-1.60

我国从1966年以来，在云南东川等地泥石流防治中修建了10多处肋槛软基消能排导槽，20世纪80年代以后又在四川和云南泥石流综合防治工程中推广应用，从单一矩形槽发展到多种槽形。目前矩形断面、梯形断面、三角形断面和复式断面等形式均得到普遍使用，长期使用排泄泥石流，运用效果较好。

4. 全衬砌V形排导槽

成都铁路局昆明科学技术研究所于1980年立项开展全衬砌V形泥石流排导槽（简称V形槽）研究，并在成昆铁路南段泥石流工程治理中进行试验和观测，成果于1988年通过鉴定，此后被广泛推广使用，目前成为常用的泥石流排导工程之一。

图4-20 全衬砌V形排导槽

（1）V形槽的排导原理

V形槽根据束水冲沙的原理，构建了窄、深、尖的V形结构。V形槽具有明显的固定输移中心和良好的固体物质运动条件，可以有效地在堆积区改变泥石流的冲淤环境，有效排泄各种不同量级的泥石流固体物质，V形槽多适用于山前区纵坡较陡的小流域泥石流排导。

V形槽在横断面结构上构成一个固定的最低点，也是泥石流的最大水深和最大流速所在点以及固体物质的集中点，从而成为一个固定的动力来源，集中冲沙的中心。V形槽底能架空大石块，使大石块凌空呈梁式点接触状态，以滚动摩擦和线摩擦形式运动，阻力小，易滚动，沟心实底部位充满泥石流浆体，起润湿浮托作用，因而阻力减小，速度加大，这是V形槽排泄泥石流的关键。V形槽底是由纵、横向2个斜面构成，松散固体物质在斜坡上始终处于不稳定状态，泥石流在斜面上运动时，具有重力沿斜坡合力方向挤向沟心最低点的集流中心，呈立体束流现象，从而形成V形槽的三维空间重力束流作用，使泥石流输移能力更加定强劲，流通效应更加显著。

（2）V形槽槽身结构与受力分析

V形槽沿流向的几何形状、尺寸和受力无显著变化，取其横断面按平面问题对待，其结构形式如（图4-21）所示。

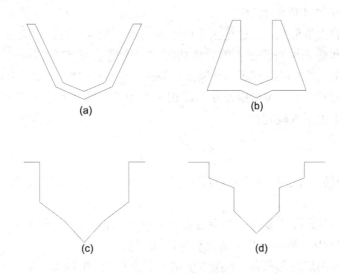

图4-21　V形槽横断面图

（a）斜边墙；（b）直边墙；（c）复式V形；（d）复式V形

V形槽以浆砌石、混凝土和钢筋混凝土进行全面护砌，构成整体式结构。为了使结构安全，必须满足有足够的刚度（整体性），其设计荷载主要有泥石流重力、槽自身重力、地下水作用力、温度应力、冻胀压力以及其他作用力。在设计荷载作用下，除槽身有足够的刚度外，地基承载力应满足要求，同时，槽身不得产生局部或整体滑移、变形、开裂和折断等破坏形式；过流部分的抗磨耐久性应符合使用年限的要求，其最小厚度应满足施工要求；与流向顶冲的弯道及突出部位受泥石流冲击力的作用，冲击力可按本章的方法计算，并据实际情况分析确定。

（3）V形槽槽体纵断面设计

纵断面设计应由上而下设计成上缓下陡或一坡到底的理想坡度，以利于泥石流的排泄，若受地形坡度条件限制，需设计成上陡下缓时，必须按输沙平衡原理，从平面上配套设计成槽宽逐渐向下收缩的倒喇叭形，使过流断面宽度随纵坡的变缓而相应减小，以增大泥深，加大流速，保持缓坡段和陡坡段具有相同的输沙能力和流通效应，确保V形槽的排淤效果。

V形槽纵坡度设计与肋槛软基消能排导槽方法相同，通常采用类比法、实验法和经验法3种方法确定。对运行多年的已建V形槽经调查统计分析，可得到V形纵坡作为设计多考。纵坡一般可略缓于泥石流扇纵坡，V形槽纵坡值通常用30‰～300‰，阈值为10‰～350‰，最佳组合范围是：$I_束=200‰$，$I_纵=15‰～350‰$，$I_横=100‰～300‰$。

自上而下V形槽的纵坡不宜突变，当相邻段纵坡设计的坡度值≥50‰，纵坡设计在转折处用竖曲线连接，竖曲线半径尽量大，使泥石流流体有较好的流势，奔减轻泥石流固体物质在变坡点对槽底的局部冲击作用。

（4）V形槽槽体横断面设计

①横断面的类型形状：尖底槽主要用于泥石流堆积区，有改善流态、引导流向、排泄固体物质和防止泥石流淤积的独特功能，尖底槽主要有V底形、圆底形、弓底形。V形槽横断面形式有斜槽式、直墙式、复式V形和复式V形4种类型形状。

②横断面面积计算：V形槽横断面面积主要由设计流量和泥石流设计流速来确定，横断面面积由下式确定：

$$A = \frac{Q}{U} \tag{4-60}$$

式中，A为横断面面积（m）；Q为设计流量（m³/s）；U为通过设计流量的平均流速（m/s）。

③V形槽横断面尺寸拟定：初步选定断面形状，根据泥石流性质、规模、地形条件等从上述4种V形断面形状中选定设计断面形状。

根据泥石流沟道地形条件，确定V形槽纵剖面。V形槽底部呈V形，横坡与泥石流颗粒粗度呈正相关，与养护维修、加固范围有关，横坡越陡，固体物质越集中，磨蚀、加固、养护范围越小。V形槽横坡通常用200～250，限值为100～300，在纵坡不足时加大横坡输沙效果更显著。

V形槽底部由含纵、横坡度的2个斜面组成重力束流坡，其关系式如下：

$$I_束 = \sqrt{I^2_纵 + I^2_横} \tag{4-61}$$

式中，$I_束$为重力束流坡度（‰）；$I_纵$为V形槽纵坡坡度（‰）；$I_横$为V形槽底横向坡度（‰）。

根据铁路和地方使用V形槽的经验和研究成果，I值参数一般在下列范围：$200‰ \leq I_束 \leq 350‰$，$10‰ \leq I_纵 \leq 350‰$，$100‰ \leq I_横 \leq 350‰$。在$I_纵$值不变的情况下，改变$I_横$值（即由平底变为尖底），$I_束$值增大，排泄防淤效果显著提高。对较平缓的泥石流堆积区上的排导槽，由于$I_纵$值较小且难以用人工改变增大$I_纵$，此时增大V形槽的$I_横$值，弥补$I_纵$值小的不足，对排泄有较大作用。

V形槽宽度设计最小不得小于2.5倍泥石流体中最大石块直径。V形槽槽深设计时，泥深H计算要根据流速$U_c \geq$泥石流流通区流速U_f的选定条件，求算V形槽的最小泥深，进而拟定糟深。V形槽设计泥深H_c，必须大于1.2倍泥石流流体中最大石块直径，以防止最大石块在槽内停淤，影响输沙效果。V形槽设计流速U_c必须大于泥石流流体内最大石块的起动流速。安全超高一般取0.5～1.0m。并且要控制适度的宽度—深度比，一般取$1 : 1$—$1 : 3$为宜。

4.3.3.2　泥石流排导隧洞

一般情况下，排导隧洞平时要考虑排泄沟水，设计参见相应的水工隧洞规范，衬砌底板按过推移质考虑抗磨抗冲设计。

1. 排导泥石流隧洞的适用条件

排导泥石流隧洞仅适用于稀性泥石流或山洪与泥石流交替的水石流，洞线布置与开敞式导流槽布置要求一致，地形上进口与上游河道顺接，洞线具备截弯取直且距离较短时（500m以内），出口可以临空，便于泥石流顺畅排泄。隧洞轴线应为直线，不允许拐弯；水流挟最大漂砾粒径小于3m，经经济技术论证比较后可考虑采用隧洞导排泥石流。

对于沟道急剧变化，泥石流规模、容重及含巨砾很大的黏性泥石流沟和含巨砾很多的水石流沟，则不直接用隧洞排泄。为防止巨砾进洞，排导泥石流隧洞均需和上游拦挡设施联合防护，不单独使用。

2. 纵横断面

排导隧洞的纵坡原则上应沿隧洞保持不变，选择的纵坡应不小于上游泥石流沟流通段的沟床纵坡，坡度可参考导流槽或渡槽的纵坡选择要求，不宜小于10%。

排导隧洞横断面一般采用城门洞、马蹄形，洞底板通常采用三角形复式断面；衬砌底板按过推移质考虑抗磨抗冲设计，一般采用混凝土衬砌。为确保安全畅通，泥石流液面上净空为安全超高，按设计最大流量计算的横断面面积是隧洞的有效过流面积，有效过流高度宜控制不超过边墙高度，顶拱高度作为安全超高（>2m）。

为防止较大粒径的漂石或树枝堵塞洞口，在洞口上游需布设拦挡设施，隧洞断面宽度和高度宜不小于过洞泥石流最大漂砾直径的3倍左右。

洞内的泥石流流速很高，对槽底、槽壁均会产生较大的磨损，应选择耐磨材料，并相应增大构件的厚度，故需增加10cm厚的耐磨保护层。

4.3.3.3 泥石流渡槽

渡槽通常建于泥石流沟的流通段或流通—堆积段，与山区铁路、公路、水渠、管道及其他设施形成立体交叉（图4-22）。泥石流以急流的形式在被保护设施上空的渡槽内通过，其流速较大，输移能力较强，是防护小型泥石流危害的一种常用排导措施。

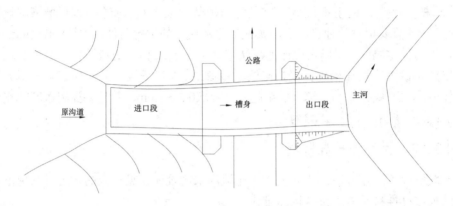

图4-22　泥石流渡槽平面布置图

1．渡槽的适用条件

（1）在地形上要求有足够的高差，沟道的出口应高于线路标高，满足渡槽实施立体交叉的净空要求。渡槽的进出口位置能布设顺畅，地基有足够的承载力及抗冲刷能力。渡槽出口能临空，便于泥石流顺畅排泄。

（2）比较适用于坡度很陡的坡面型稀性泥石流沟，一般适用于泥石流的最大流量不超过200m²/s、固体物粒径最大不超过1.5m的中小型泥石流或具备山洪与泥石流交替出现的泥石流沟。对于沟道急剧变化，泥石流规模、容重及含巨砾很大的黏性泥石流沟和含巨砾很多的水石流沟，则应慎用渡槽排泄。

2．渡槽的特点

为了满足泥石流顺畅排泄等条件，泥石流渡槽具有以下特点：

（1）长度较短，槽底纵坡一般都比较大。通常跨度只需略大于线路宽度即可，但为了使泥石流能顺畅排泄，减少槽内淤积厚度，原则上应尽量使渡槽底的纵坡大于或等于原沟床的纵坡，其值均在100%～150%以上。

（2）渡槽的过流宽度一般都大于3.0m，为开敞式断面，为避免泥石流流体中所含巨砾及漂浮物的撞击，一般不在槽壁上部设置横向拉杆。

（3）渡槽受荷很大，槽壁要承受三角形分布的泥石流流体的水平荷载，以及泥石流流体中巨大块石之间在运动过程中产生的横向挤压推力和流体的冲击力等荷载作用。槽底主要承受泥石流流体的垂直重力及拖曳力等。

（4）渡槽内的泥石流流速很高，对槽底、槽壁均会产生较大的磨损，应选择耐磨材料，并相应地增大构件的厚度。对坡面型泥石流沟而言，泥石流活动规模较小，而且具有明显的间歇性。一般在泥石流停止流动后，即可行人，因此不需另行设置人行检查通道。

3．泥石流渡槽的平面布置

泥石流渡槽由进口段、槽身、出口段等部分组成，各部分各有其特点和要求，分述如下：

（1）渡槽与泥石流沟应顺直、平滑地连接。渡槽进口连接段，不宜布设在原沟道的急弯或束窄段。若条件允许，连接段应布设成直线。若上游自然沟道与渡槽同宽，则连接段不需太长，只要紧密顺接即可。当渡槽宽度小于沟床宽度时，则连接段长度应大于槽宽的10～15倍。连接段首先应布设为上宽下窄的喇叭形或圆弧形，逐渐收缩到与槽身宽度一致的渐变段，然后再以与渡槽过流断面形状一致的、长度为1～2倍渡槽长的直线形过渡连接段与渡槽（槽身）入口衔接。

（2）槽身部分应为等断面直线段，其长度应包括跨越建筑物的横向宽度及相应的延伸长度（约为1～1.5倍槽宽）。

（3）渡槽出口段应与槽身连接成直线，要避免在槽尾附近就地散流停淤成新的堆积扇。最好能将泥石流直接泄入大河（凹岸一侧）或荒废凹地。

（4）渡槽的出流口最好能与地面或大河水面之间有一定的高差，以防止出流口以下淤积或洪水位阻碍渡槽的正常排泄。

4．渡槽的纵横断面

（1）为了减少渡槽内淤积，要求渡槽的纵坡一般均应不小于原沟床的坡度，并用竖曲线与原沟平顺连接，或者不小于泥石流运动的最小坡度。在已建的渡槽中，纵坡已达到150‰左右，也可按以下公式计算纵坡（I_f）：

对于稀性泥石流：

$$I_f = 0.59\frac{D_a^{2/3}}{H_c} \qquad (4\text{-}62)$$

式中：D_a为石块的平均粒径，m；H_c为平均泥深，m。

对于黏性泥石流：

$$I_b < I_f \leqslant 150‰ \qquad (4\text{-}63)$$

式中：I_b为相应地段的自然沟床纵坡（‰）。

（2）渡槽下净空不够，需提高渡槽底部标高时，应采取对应措施提高上游沟床，不渡槽附近形成突变。如下游近处原沟有跌水，可提高渡槽入口标高，增大渡槽纵坡。

（3）在堆积扇上修建渡槽时，可以适当地提高沟床底部标高。这样虽然增大了一些程量，但可满足槽下的净空要求及渡槽出口标高的提高，对排泄有利。

（4）按设计最大流量计算的横断面面积是渡槽的有效过流面积，加上安全超高及相的扩大宽度，才为设计的横断面尺寸。

（5）渡槽的横断面形式多为直墙式矩形断面或边坡较大的梯形断面。为了提高渡槽输沙能力，槽底可做成圆弧形或钝角三角形。

（6）渡槽的深度应按阵性泥石流的龙头高度加上平均淤积厚度（或残留层厚度）及全超高（$\geqslant 1.0m$），也可类比确定。

（7）渡槽的宽深比（梯形槽）可按下式计算：

$$\beta = \frac{B_c}{H_c} = 2(\sqrt{1+m^2} - m) \tag{4-64}$$

式中：β为断面宽深比；B_c为渡槽宽度（m）；H_c为渡槽过流深度（m）；m为梯形槽的坡系数。

渡槽宽度还应大于泥石流流体中最大漂砾直径的1.5～2.0倍。

5．渡槽的结构

（1）结构型式

泥石流渡槽为一空间结构，最常用的结构型式为拱形及槽形梁式渡2种；渡槽的上部构造应根据槽下的净空高度、当地建筑材料及实际地形等不同条件，用不同的结构型式。

拱式结构渡槽的优点是可充分利用当地材料，用钢材少、超负荷能力较强，易于加宽加深；在路堑两侧地质条件较差处，能更好地发挥支挡防护作用；施工较简单，实际采较多。但拱式结构渡槽因要求建筑空间高度及墩台尺寸较大而受到限制。按使用材料，拱式结构又可分为石拱、混凝土拱及钢筋混凝土双拱；根据起拱线的不同，还可分坦拱、半圆拱及卵形拱等。

梁式结构渡槽适用于通过的泥石流流量较小、槽宽不大、槽底板与侧壁构成整体结的渡槽；或在良好的岩石路堑两侧边坡较陡及半路堑外侧地形悬空等条件下选用梁式结渡槽。梁式结构渡槽可分为以底板为承重结构、两侧槽壁只承受侧压力的板式渡槽以及槽壁为承重结构、槽底板支承在槽壁下面的壁梁式渡槽，槽宽小于4～6m，优点是节省材料。当渡槽宽度较大时，多采用肋板梁、T形梁或其他梁式结构。

渡槽下部构造承载着上部全部重力及水平推力（含土体推力），故受力较大，因此墩台多采用重力式。在挡土一侧，构造如U形桥台，在不挡土一侧，则与桥墩类似。外侧墩台高度小，则可主要承载推力。当外侧地形受到限制时，亦可采用柱式或排架式墩台，此时渡槽的推力，将由内侧墩台承载，排架上用滚动支座，并在排架与内侧墩台间设置拉杆。

（2）细部结构

①基础。一般应采用整体连续式条形基础，或支承墩、柱及排架等支承形式。基础应对称布设，埋设深度应满足抗冲刷、抗冻融要求，应置于新鲜基岩或密实的

碎石土层上，否则应另作加固处理。

②渡槽进出口段与槽身之间应设置沉降缝和伸缩缝，并对缝隙做防渗处理（如灌注沥青麻丝等）。

③渡槽进出口段的边跨支墩，承受很大的推力，故应采用重力式结构，并设置槽底止推装置。

④泥石流对渡槽的过流面产生很大的冲击和磨损作用，故需增加5～10cm厚的耐磨保护层。

4.3.4　停淤工程

泥石流停淤场工程，主要是指在一定时间内，通过采取相应的措施，将流动的泥石流流体引入预定的平坦开阔洼地或邻近流域内的低洼地，促使泥石流固体物质自然减速停淤，从而大大削减下泄流体中的固体物质总量及洪峰流量，减少下游排导工程及沟槽内的淤积量，特别是对黏性泥石流的停淤作用更为显著，也具有对泥石流流量较大的泥石流削峰作用。

停淤场可按一次或多次拦截泥石流固体物质总量作为设计的控制指标，通常采用逐段或逐级加高的方式分期实施。停淤场一般设置在泥石流沟流通区或下游的堆积区，可以是大型堆积扇两侧及扇面的低洼地，或是沟内开阔、平缓的泥石流沟谷滩地等。

实践表明：只要有足够的停淤面积，停淤代价比较小，特别在水电工程上易于与沟内渣场结合布置，无需占用大量土地，近年来停淤场工程应用较多。

4.3.4.1　停淤场的类型与布置

1. 停淤场的类型

停淤场的类型按其所处的平面位置，可划分为以下4种：

（1）沟道停淤场。利用宽阔、平缓的泥石流沟道漫滩及一部分河流阶地，停淤大量的泥石流固体物质。此类停淤场一般均与沟道平行，呈条带状，优点是附加工程量较小，缺点是压缩了流水沟床宽度，对排泄规模大的泥石流不利。

（2）跨流域停淤场。利用邻近流域内荒废的低洼地作为泥石流流体固体物质的停淤场地。此类停淤场不仅需要具备适宜的地形地质条件，能够通过相应的拦挡排导工程，将泥石流流体顺畅地引入邻近流域内被指定的低洼地，而且应经过多方案比选。

（3）围堤式停淤场。在泥石流沟下游，将已废弃的低洼老沟道或干涸湖沼洼地的低矮缺口（含出水口）等地段，采用围堤等工程封闭起来，使泥石流引入后停淤其中。

（4）结合渣场布置的停淤场。大中型水电工程渣场多采用截断河道方式布置，形成的库容多在几十万立方米至数百万立方米，可以利用库容形成停淤场。

2．停淤场的布置

停淤场的布置随泥石流沟及保护建筑物布置条件而异，应遵循以下原则：

（1）沟道停淤场应布置在有足够停淤面积宽缓的坡地，每隔一段距离设置拦淤堤，堤高0.5～2m，拦淤堤间距按下一级停淤高度能覆盖上一级堤脚不小于0.5m为宜，在拦淤堤上错开布置分流口。在停淤场使用期间，泥石流流体应能保持自流方式，逐渐在场面上停淤。

（2）在布设跨流域停淤场时，首先应在泥石流沟内选好适宜的拦挡坝及跨流域的排导工程位置，提供泥石流跨流域流动的条件，使其能顺畅地流入预定的停淤场地；然后再按停淤场的有关要求布置停淤场地。

（3）围堤式停淤场宜布置在低洼地段或沟道出口的堆积扇区域，引流口宜选择在沟道跌水坎的上游两岸岩体坚硬完整狭窄的地段或布置在弯道凹岸一侧。应严格控制进入停淤场的泥石流规模、流速及流向，使泥石流在停淤场内以漫流形式沿一定方向减速停淤。堤下土体的透水性不宜太强，土体的密实性和强度要求达到围堤基础的要求，否则应做加固处理，从而保证围堤的稳定与安全。

（4）结合水电工程渣场布置的停淤场，拦蓄库容应不小于设计标准一次泥石流固体物质总体积要求，渣顶高度还应满足排水设施下泄泥石流及沟水设计标准洪水流量的要求，并留有超高。如排水设施采用隧洞排水，兼顾日常沟水排泄，多采用高低进水口（龙抬头）方式，也可仅在进口处设置分层进水塔。如渣场高度较低，可只在渣顶设置排导槽。另外，需在排水设施上游合适位置沟内设置拦挡坝，使泥石流固体物质沿一定方向减速停淤，防止直接堵塞或损坏排水设施进口。

4.3.4.2 停淤场停淤总量估算

对沟道式停淤场的淤积总量：

$$\overline{V}_s = B_c h_s L_s \qquad (4-65)$$

对堆积扇形停淤场的淤积总量：

$$\overline{V}_s = \frac{\pi\alpha}{360} R_s^2 h_s \qquad (4-66)$$

式中：V_s为停淤总量；B_c为淤积场地平均宽度（m）；h_s为平均淤积厚度（m）；L_s为沿流动方向的淤积长度（m）；α为停淤场对应的圆心角；R_s为停淤场以沟口为圆心的半径。

对于渣场布置的停淤场；拦蓄库容应不小于设计标准一次泥石流固体物质总体积要求。

4.3.4.3 停淤场工程建筑物

泥石流停淤场内的工程建筑物因停淤场类型而异，主要的结构物包括拦挡坝、引流口、围堤（拦淤堤）、分流口、集流建筑物等。

1．拦挡坝

位于停淤场引水口一侧的泥石流沟道上，主要起拦截主沟部分或全部泥石流，减小冲击力，拦截大粒径的固体物质。该项工程多属于使用期长的永久性工程，故常用垙工或混凝土重力式结构，应按过流拦挡坝工程要求设计。

2．引流口

引流口位于拦挡坝的一侧或两侧，控制泥石流的流量与流向，使其顺畅地进入停淤场内。引流口根据所处位置的高低，可分为固定式或临时性的引流口2种。固定式引流口所处位置较高，在停淤场整个使用期间，都能将泥石流引入场内，因此不需更换或重建。临时引流口将会随着停淤场内淤积量的增大而改变其位置。通过调整引流口方向及长度，使泥石流在不同位置流动或停淤。引流口既可与拦挡坝连接一体，也可采用与坝体分离的形式。对于固定引流口可用垙工开敞式溢流堰或切口式溢流堰。

3．围堤（拦淤堤）

围堤分布在整个停淤场内，沿途拦截泥石流，控制其流动范围，防止流出规定的区间。围堤在使用期间，主要承受泥石流流体的动静压力及堆积物的土压力。土堤应严格夯实，使其具有一定的防渗及抗湿陷能力。围堤一般按临时工程设计，如下游有重要保护对象时，则可按永久性工程设计。堆积扇上的围堤的长度方向应与扇面等高线平行，或呈不大的交角，这样才能拦截泥石流流体。

4．集流建筑物

集流建筑物布置在围堤的末端或其他部位，主要有集流沟或高程排水洞、泄流槽等，主要作用是将已停积的泥石流流体水石分离后的泥水排入下游河道。可做成梯形、矩形等过流断面，针对水电工程渣场，集流建筑物进口多采用高位排水渠（洞）或分层进水塔等型式，断面大小应根据排泄流量确定。

分层泄流塔适用于稀性泥石流、采用渣场或围堤拦断沟谷的停淤场，渣场或围堤拦断沟谷后形成满足设计标准的停淤库容，紧邻布置在拦断型沟谷渣场上游，保护渣场及其他附属建筑物。分层泄流塔一般布置在沟水处理的排水洞进口，主要原理是在设计停淤高程以下布置多层排水孔，平时排水孔排泄沟水，泥石流暴发时，只有含较小颗粒的水石流进洞排走，避免堵塞排水洞，由于泥石流携带有大量的树枝或较大颗粒，可能会逐步堵塞下层排水孔，随着水位上升，逐层排水并停淤；分层泄流塔顶部敞口，排泄停淤过程中水石分离的水流，其泄流能力应能满足设计标准下的不包含固体物质的流量，顶部敞口高程应高于设计标准所需要的停淤高程。最下层排水孔应能满足沟水处理设计标准的流量，孔口宽度主要考虑泥石流最大粒径和排水洞洞径对排泄含沙水流的影响，一般不大于最大粒径和排水洞洞径的1/3，高度不大于2倍宽度。由于流态复杂，宜采用对称布置。

两河口瓦支沟保护渣场的泥石流防护工程就结合沟水处理排水洞，采用了分层泄流塔，最大塔高为20m，设置4排16个排水孔，顶部敞口最大排泄流量148m/s。设计最大停淤高度为15m，可将50年一遇的泥石流固体物质停淤在库内。

4.4　防治方案

根据泥石流危害对象，结合地形地貌、地质条件等可采取固、拦、排全面控制布置方案、以固源排导为主布置方案、以拦挡停淤为主、以导排为主拦排结合布置等不同的防治模式。

4.4.1　固、拦、排全面控制

该方案在上游区以固坡为主、中游以拦挡为主、下游以排导为主进行相应的布置，包括工程措施和生物措施，是一种较为全面的全流域综合防治布置方案，适用于流域面积较大、物源主要源于中上游形成区且形成区堆积了大量弃土弃渣的流域。根据实际情况，在流域上中游坡面容易失稳的区域修建部分挡墙和谷坊，同时进行退耕还林、封山育林和林种改造。中下游地区根据地形、地质条件及拦沙坝的不同作用，在沟内共设置了各型拦沙坝，其目的在于稳定沟床内固体物质及拦蓄、削减部分泥石流洪峰流能及规模。下游修建排导槽，将泥石流从规定的路线排导出防护对象之外。如"5·12"地震灾区绵竹文家沟泥石流采用全面的控制方案，取得良好效果。

4.4.2　排固源、排导为主

该方案选取合适的沟段布置排导建筑物，将上游流体排入其他流域或本流域保护对象的下游区域，分为以下2种情况。

（1）有些沟主要物源较为集中，其上游地形条件具体筑坝截断水流并可布置排导建筑物将水流导排至物源下游或其他流域，消除了泥石流暴发的水动力条件，另外还采取了坡面防护和排水等辅助措施。

四川汉源县万工镇坡面泥石流主要受物源以上暴雨汇流影响而产生，整治工程采用综合措施，包括排导槽＋拦挡桩群＋分流槽＋部分固源＋部分清挖+截排水，利用应急阶段的1号排导槽修建混凝土排导槽；利用应急阶段的2号导向槽作为分流槽；对物源集中、位置高、失稳后影响大的大沟后缘古堆积进行固源处理；对部分堆积物进行清除；采取截排水措施及生物防护措施对分散的坡面泥石流进行防治；对大沟上部右岸玄武岩边坡进行浅层防护；其他措施，如监测措施、水土保持措施及行政措施等。

（2）有些沟在受保护对象上游的地形条件十分有利于布置泥石流排导建筑物，可以考虑筑坝将泥石流截断并导排至受保护对象的下游或其他流域。主要要求地形存在垭口或弯道，或距离其他流域长度较短，可以截弯取直布置排导建筑物。

1）若存在垭口或弯道，可布置排导明渠，通过截弯取直排导黏性或稀性泥石流。

2）若距离其他流域长度较短，且为稀性泥石流，经论证可考虑隧洞排导。产生稀性泥石流的河道曲折多弯，河道坡降大，可拦挡库容较小，地形上布置较短隧洞可以截弯取直，经论证可采用隧洞排导稀性泥石流。为防止淤堵，隧洞断面宽度宜不小于过洞泥石流最大颗粒粒径的3倍，坡度不小于10%。

4.4.3 以截留停淤为主的排导方案

该方案地形上沟道坡降缓，泥石流不易排导，但具有足够开阔、平缓的沟谷滩地，可考虑设置停淤场和辅助排导设施，比较适用于规模不大的黏性泥石流的停淤，在停淤场上游有引导建筑物，使泥石流引入后停淤其中，停淤场出口有导排设施。保护对象处于停淤场下游，需要经常清淤。

停淤场的类型按其所处的平面位置，可划分为以下2种。

（1）堆积区停淤场。利用泥石流沟堆积区的大部分低凹地带或围护后的区域作为泥石流流体固体物质的堆积地，停淤场出口有排导设施。

（2）围堰式停淤场。在泥石流沟较宽、沟内坡度较缓的下游且具有平缓的沟谷滩地，可堆筑拦挡围堰将沟道截断形成较大库容，使泥石流停淤其中，一般适用于设计标准下泥石流一次暴发规模较小而库容很大的情况。由于保护对象处于停淤场下游，需要经常清淤。另外需配套排导设施，在保护对象旁布设排导槽或排导设施等。

对于规模不大的稀性泥石流，可采用拦挡坝拦截泥石流停淤排水的布置方式，停淤库容至少能满足停放设计标准的一次泥石流固体物质总量，排导设施有隧道和渣顶排导明渠等，考虑到低高程进口易被推移质和树枝堵塞，排水隧洞进口一般设置高低进水口，或分层排导泄流塔。其次，有些泥石流沟坡降不大，为危险性小的稀性泥石流，沟口两侧布置有一些临时工厂，其顶部敞口设施的防护可以考虑使用该布置方案。修筑一道或多道多孔坛工坝或格栅坝，同时建设监测、预警预报系统。多孔坊工坝或格栅坝主要拦挡稀性泥石流（水石流）中挟带的较大块石，砾石和沙可通过排水孔或格栅导排至下游，泥石流底层排水孔排水洞过后及时清理库内拦挡的块石。

4.4.4 以排导为主、拦排结合布置方案

拦排结合布置通常采用中游拦挡与下游排导相结合的模式。当沟内有保护对象。沟道地形坡度较陡，相对顺直，有足够的宽度在保护对象另一侧设置排导槽排导泥石流，同时布置在上游设置格栅坝或重力坝拦挡沟道内上游分布的松散弃土弃渣，防止沟道下切，保护沟岸，避免新启动的滑坡固体物质进入沟床形成新的泥石流物

源。依据实际情况，拦挡工程可以采用格栅坝或重力坝，其拦挡方式可以采用梯级坝或单一坝体。

（1）临沟型渣场的防护布置。当渣场所在沟床相对较宽，河道基本顺直、长度较短纵坡经计算分析能满足该沟泥石流顺畅流动要求时，过流时一般为急流，可采取邻沟型渣场结合开敞式排导工程布置方式；开敞式排导工程的主体排导槽通常采用紧贴河道一侧的基岩布置，渣场与排导槽之间用顺流向的坞工导流堤隔离，排导槽一般与岸边公路或导流堤顶平台组合成复式断面，以加大过流能力；槽体应具备较好的抗冲和耐磨蚀能力，需对排导槽底部进行护底。

开敞式排导工程的布置方式对黏性泥石流和稀性泥石流均适用，特别是当地形条件对排泄有利时，可一次性地将泥石流排至预定地区而免除灾害，可单独使用或与拦蓄工程结合使用，往往根据地形和泥石流特性在渣场上游布设小规模的拦挡工程，拦挡工程可以采用格栅坝、重力坝，也可以采用拦沙坝与部分谷坊相结合的方式。

（2）泥石流沟道狭窄、陡峻，影响区内场内公路、中小型临时工厂、仓库等设施的防护布置。该类建筑物一侧临山另一侧靠河，泥石流沟道狭窄、陡峻，泥石流规模和影响区不大，建筑物级别不高，多为临时建筑物，工程完工后弃用或使用率较低，对该类建筑物的防护布置常以简单导排设施及预警预报系统建设为主，重点是采取导排，保护措施让泥石流顺畅地通过线路地段和布设的预警设施，如场内公路在泥石流沟口架桥通过，对场内公路、中小型临时工厂、仓库旁靠山侧规模不大的坡面泥石流可采用架设混凝土导流槽（渡槽）跨过建筑物，排导槽一般呈喇叭形，坡度较大，便于收集和推导泥石流至另一侧的河道或山崖下，排导槽尽量使用窄深槽，防止淤积。在成昆铁路和施工区沿线公路架设混凝土导流槽的相应案例较多。

（3）低危险性的干沟、沟口两侧有低等级设施的防护布置。沟口两侧有低等级设施，常以简单的挡护工程措施（如格栅坝、桩林）及监测、预警预报系统建设为主。该防护布置重点：一是沟口正面不允许布置建筑物；二是采取监测和预警措施。

4.4.5　防治工程方案比选

泥石流治理方案的比选应以保护对象的安全程度为出发点，遵循泥石流的活动和成灾规律，综合考虑拦沙、固源、排导、停淤、预警等措施组合多个方案，从保护效率、费用成本、施工难易、工期上综合比较，推荐最佳治理方案。

4.4.5.1　固拦排全面控制组合方案的比较

当保护对象重要性较高，具备采用固、拦、排全面控制的条件时，则根据需要控制的泥石流物源总量和地形地质条件，拟定2～3个不同布置方案（固、拦、排工程可按位置不同、数量不同、构筑物型式不同等进行优化组合）进行技术经济比较，各方案应具有对等的灾害控制治理效果，采用的固、拦、排工程各自控制的水沙一定要协调。

（1）各方案固源工程比较。固源工程重点分析泥石流沟内集中性物源类型、分布位置、启动参与泥石流的方式（塌滑冲刷、揭底冲刷等），确定需要稳定的物源量，比较各方案在治理部位、治理长度及采用了程构筑物型式的优缺点。

（2）各方案拦沙工程比较。拦沙工程根据需要的拦蓄调节总库容（按设计基准期），分析建坝处地质地形条件、施工可行性，拟定不同布置方案的库容和坝高。重点比较不同方案可拦蓄的泥沙量及施工难易、经济成本等。

（3）各方案排导工程比较。重点比较不同方案排导工程的泄流条件及施工难易、维护成本、经济成本等。

4.4.5.2　停、排组合方案的比较

对于上游沟道纵坡陡，固源、拦蓄泥沙工程施工困难或工程效益差，而下游山口有停淤地形、也有一定排导条件的泥石流沟，可采用停、排组合方案。

该方案要充分论证设计基准期内泥石流冲出的固体物质总量、一次泥石流冲出量，据此确定停淤场库容、围限范围、占地面积和泥沙围限、水沙分离、导流的工程结构型式。

重点比较不同方案停淤库容、排导的泄流能力及施工难易、维护成本、经济成本等，注意评估停淤场淤满后果对不同方案的影响。

该组合方案往往需要和以导排为主的方案进行比较，主要区别在于停淤库容可以调节排导流量，能够降低排导建筑物规模，但增加了后期清理维护成本；当导排为主的方案需要的排导规模较大时，经常需要与停、排组合方案进行综合比较。

4.4.5.3　以排导为主的方案或简易拦、排结合布置方案的比较

重点比较不同方案拦排、排导工程的工程地质条件、泄流条件及施工难易、维护成本、经济成本等。

4.4.5.4　防护工程分期建设与防护工程一次建设完成方案比较

工程实践中，部分保护对象规模较大、工期较长，或前期作为临建工程，后期另行建设级别较高的保护对象，因此提出了防护工程随着保护对象规模和级别变化而分期建设的布置方案，往往与防护工程一次建设完成方案在拦挡、排导设施布置上存在差异，需要从经济技术方面比较上述两种方案，必要时还需要结合保护对象布置的优缺点共同进行综合比较，择优选取。

4.5 岩土工程防治措施存在的问题及发展方向

从20世纪50年代以来，我国泥石流治理工程中修建了大量的拦挡坝、排导槽等岩土工程，取得了较好的防治效益，但是在还存在以下问题。

4.5.1 存在的问题

4.5.1.1 泥石流运动特征参数的计算问题

泥石流流速、流量、冲击力等是设计拦挡坝时需要确定的基本参数。在确定泥石流流速时，目前常使用的是以曼宁公式为基本形式的经验公式，即利用某些地区的泥石流观测资料为基础，对曼宁公式中的各个系数加以率定，最终得到泥石流流速的计算方法。因此这些公式具有明显的地区性，适用范围有限。同时，这些公式得到的多为泥石流平均流速，然而泥石流流速通常在横向和垂向上的分布是不均匀的，平均流速已不能满足日益提高的泥石流防治工程设计要求，因此有必要研究考虑横向和垂向分布不均匀的泥石流流速计算方法。

配方法是目前常用的泥石流流量计算方法。该方法假定泥石流与流域暴雨洪水同频率且同步发生，在利用水文方法得到不同频率洪水流量的基础上，考虑固相物质体积浓度和沟道堵塞条件，最终得到泥石流流量。利用配方法可以得到不同频率下的泥石流流量，从而为拦挡坝的设计提供依据。但是针对由地震引发的次生泥石流时，利用该方法计算的泥石流流量远小于实际值，因此针对山区地震使得泥石流流域内松散固体物质总量急增的情形，还有必要建立更精确的泥石流流量计算方法。

在计算泥石流冲击力时，通常将泥石流看作固液两相流体，冲击力分为浆体动压力和大石块冲击力2部分。该方法分别考虑了泥石流固液两相物质对拦挡坝的冲击特性，具有一定合理性。但是在计算大石块冲击力时，目前仅考虑了固相物质中粒径最大的砾石对拦挡坝的冲击作用，而泥石流固相物质粒径范围通常较大，因此该计算方法显然与实际不相符，有必要研究考虑固相物质粒径组成的冲击力计算方法。

4.5.1.2 拦挡坝修建级数与设计库容的选取问题

拦挡坝最直接的作用是拦蓄泥石流固相物质，但是由于泥石流流域内的松散固体物质总量多，特别是由山区地震诱发的大量崩滑体作为泥石流物源的情形，拦挡坝的拦蓄库容往往远小于泥石流松散固体物质总量。如2008年汶川"5·12"地震在四川绵竹清平乡文家沟诱发了巨型滑坡，总体积约$5.9×10^7m^3$，据估算，即使在沟口修建50m高的拦挡坝，也仅能提供$2.0×10^6m^3$的库容。因此拦蓄了固相物质的拦挡坝，特别是位于流域上游的谷坊群除了起到拦截作用外，往往还需起到稳定沟坡、控制沟床侵蚀的作用，从而减少流域内参与泥石流活动的物源总量。但是由于目前针对拦挡坝的上述作用还缺乏定量的评估方法，导致工程设计人员常常仅根据工程经验选择拦挡坝的修建级数，以及拦挡坝的拦蓄库容，因此拦挡坝的设计缺乏相应的理论指导，针对上述问题还有待进一步研究。

4.5.1.3　拦挡坝的结构型式与坝体材料选取问题

为了节约建设成本，我国已建成的拦挡坝多为浆砌石重力坝，在泥石流冲击作用下坝体变形小，且浆砌石强度较低，导致拦挡坝易被冲毁。如2010年甘肃舟曲"8·8"特大泥石流将三眼峪沟内已修建的7座拦沙坝不同程度的损毁。因此需研究坝体变形较大、材料强度高，抵抗泥石流冲击性能好的新型拦挡坝。且在防治过程中，还需要考虑漂木带来的危害，设计同时能控制漂木危害的措施。

4.5.1.4　拦挡坝的清淤问题

受到地形条件限制，大部分泥石流流域的交通条件极其简陋，一旦拦挡坝被固体物质淤满后，机械设备很难到达拦挡坝库区进行清淤工作，从而导致拦挡坝对后续泥石流失去调节作用，影响其防治效益。

4.5.1.5　格栅坝的优化设计与可持续作用问题

格栅坝的种类很多，但在设计上多以经验为主。相关规范格栅坝的设计方法仅做了简要介绍（主要对其开口间距作了相应规定）。因此还需进一步研究各种格栅坝的优化设计方法。从工程实践效果看，现有格栅坝在运行初期能有分选地将泥石流中的粗颗粒拦截在坝内，而危害较小的细颗粒可以流向下游，但是由于拦截的颗粒直接停积在格栅开口处，易造成开口堵塞，最终使格栅坝失去"拦粗排细"功能，影响其防治效果。

4.5.2　发展方向

4.5.2.1　基于水土分离的泥石流防治理念

针对松散固体物质总量特别多的泥石流流域，现有拦挡坝的防治效果甚微。如能通过工程措施在泥石流中上游实行水土分离，抑制泥石流的发生或降低泥石流的规模，将有效提高下游拦挡坝的防治效果。

4.5.2.2　基于物质和能量调控的泥石流减灾技术

泥石流体中大量存在的粗大颗粒是其具有强大冲击破坏力的主要原因之一，如能将泥石流运动过程中的粗大颗粒分离出来，对泥石流的物质和能量进行调控，便能有效减轻泥石流的危害。由于现有分离手段—格栅坝拦截的粗颗粒直接停留在坝内，导致不能持续分离粗大颗粒。

4.5.2.3　拦挡坝设计方法的发展

目前，我国已建的拦挡坝多为重力拦挡坝，且每级拦挡坝泄流孔的尺寸变化不大，泥石流固相物质被整体拦截在坝内，降低了拦挡坝的库容，减少其使用年限。为了增大拦挡坝的拦截能力，陈晓清等提出通过不同开孔的拦挡坝群沿程分级拦截泥石流中的固体颗粒，最大限度地发挥拦挡坝的拦蓄功能。同时针对依据工程经验确定拦挡坝修建级数与设计库容的问题，陈晓清提出了主河输移型泥石流防治规划设计原理，即最大限度利用主河的输移能力，合理地将泥石流峰值流量分配给拦挡坝削减流量、通过排导工程向主河排泄的流量、以及停淤工程接受的流量，从而确定拦挡坝级数和修建高度。

第5章 泥石流灾害的
生物工程防治措施

生物措施防治泥石流灾害的基本原理，是利用植被所具有的保水固土、涵养水源、改善流域气候水文状况、调节洪峰流量等功能，在一定程度上削弱泥石流形成所必须具备的某些基本条件，如削弱形成泥石流的水动力条件和减少松散碎屑物质补给量等，从而使泥石流不能形成或形成的规模减小，不至于造成较大危害。因此，生物措施是治理泥石流的重要措施和主要技术方法之一，其与工程措施和前面提到的"软措施"相结合，就构成了完整的防治泥石流的综合工程体系。生物措施不仅具有防灾减灾作用，而且还能够美化环境，并且在林、农、牧业等诸多方面产生经济效益，由此可以大大地调动当地群众参与防治泥石流的积极性。通过生物措施的实施，把泥石流沟（坡）建设成为环境优美、山清水秀的区域，也为全面建设小康社会与美丽乡村提供支撑和保障。

运用生物措施防治泥石流，应当遵循以下原则：①注重生态效益，兼顾经济效益；②在泥石流沟的不同部位明确生物措施的不同目标；③因地制宜，合理规划土地的使用，以林为主，林农牧统筹安排。

5.1 林业措施

林业措施是泥石流生物防治措施的主体。在生物措施防治泥石流中所产生的效果，以对削弱泥石流形成条件和抑制泥石流的活动范围作用最为显著，其中尤其是森林生态系统，在陆地生态系统中具有最高的生产力、最大的和最有效的生态平衡调节作用，是保护生态安全的绿色d然屏障。因此，林业建设和管护在山区具有举足轻重的地位，是山区建设和发展的基本保障，防治泥石流的林业措施应该和山区的林业建设与管护紧密结合，最好能够做到统一规划，尽可能协调一致。这项工作做好了，不仅可以产生巨大的防灾减灾效益，而且可以产生巨大的生态效益、社会效益及经济效益。

林业措施的具体任务，就是植树造林、扩大流域的森林覆盖率和管护好林地，使其不受破坏。因此，保护现有森林和大力开展荒山荒坡植树造林，是实施林业措施防治泥石流的基本要求。

5.1.1 保护现有森林

实施林业措施的重要步骤，是要加强对现有林地的保护，防止一边造林、一边毁林的现象发生。事实证明，森林封禁和扶持造林与植被盖度变化的关系十分显著，对植被保护发挥着主导作用。

5.1.1.1 禁伐现有森林

天然林是在自然条件下植被经过长期发展而形成的稳定群落或顶极群落，其在维护生物物种的遗传、更新和生态平衡等方面，具有较人工林更为完备和强大的生态功能；在抑制泥石流形成和保持水土、防病虫害、防森林火灾、土壤养分和水分利用等方面的作用，均优于人工林。因此，在泥石流沟内应加强对现有天然林（包括灌木林）的保护，采取有力的措施保持已有森林的稳定，坚决禁止乱砍滥伐、盗伐林木等破坏森林现象的发生，使其充分发挥涵养水源、保护生态环境和防灾减灾的作用。

5.1.1.2 护林防火及防治病虫害

林业措施的另一项重要内容，是对林地的管护，即保护林木能正常生长。这项工作除了防止人为破坏，如乱砍滥伐、盗伐等外，还要防止牲畜的啃食、践踏，还必须十分重视对危害森林安全的大敌——森林火灾和林木病虫害的防治，因为森林火灾和病虫害一旦发生和蔓延，往往会在很短的时间里就毁灭掉大片森林。

5.1.1.3 推广使用多种生活能源

长期以来，山区农村的生活能源主要以烧柴为主，在中国北方山区由于冬季严寒和漫长，还要烧炕取暖等，每年都要耗费大量薪柴，这对于保护森林是十分不利的。因此，应推广使用多种能源，尽可能的改变农村长期单一使用烧柴草作为能源的状况，减少对薪柴等生物能源的使用。在条件适宜的山区，可大力推广使用沼气作为燃料，其不仅可以解决生活能源问题，而且还有利于保护林草资源，产生的沼液、沼渣作为良好的肥料，可返回林地、果园、草地等，提高土地的生产力，进而促进泥石流流域的生态环境改善，减少水土流失，抑制泥石流的活动与危害。

近些年来，国家大力推动新农村建设，得到了农村居民的积极响应。新农村建设蓬勃发展，山区小水电站的建设也方兴未艾，相应的农村电气化建设日益普及，生活用电逐渐增多。这些为改变山区农村使用的生活能源类型，减少对柴草等生物能源的依赖提供了条件。

随着山区建设的不断发展，对外交流不断增多，交通条件不断改善，也为广泛推广使用液化气、煤等作为生活能源提供了条件。液化气和煤的使用，丰富了山区的生活能源类型，可以大大减少甚至逐步替代对生物能源的使用。

还应特别指出的一点是，中国广大山区日光充足，太阳能资源丰富，有推广普及使用太阳能的条件。在山区推广使用太阳能，用太阳能替代一部分生物能源，也可以减少对生物能源的依赖和植被消耗。

通过采取上述措施，可以有效地保护现有林木不被破坏和加快荒山荒坡森林植被的恢复，对抑制和减少泥石流的发生起到积极作用。

5.1.1.4　封山育林育草和人工造林

封山育林育草，既是保护现有森林植被的有效措施，也是林业建设的一项重要措施。根据山区的实际情况，对宜林、宜草的荒山荒坡采用封山的方法育林、育草，即借助自然的力量（依靠植被的自然修复能力）进行生态恢复建设、提高山坡的植被覆盖率，这是经实践证明，既经济又有效的方法。

四川省凉山彝族自治州的大凉山地区，过去由于刀耕火种、毁林开荒和乱砍滥伐等原因，导致森林植被毁坏严重、山坡植被稀疏、满目荒山秃岭、森林资源极度匮乏、土壤侵蚀强烈、水土流失严重、生态环境十分脆弱、泥石流等山地灾害的危害极为严重。20世纪50年代，国家林业部门在当地开展人工造林，主要是在大范围实施了飞播造林，以提高植被覆盖率和改善当地恶化的生态环境。飞播的云南松种子发芽后，得到了有效的管护，保证了造林成功。经过几十年的努力，飞播林生长良好，已形成茂密的森林，其涵养水源、保持水土、防风固沙、净化空气、改善生态环境、抑制泥石流等山地灾害的效益也逐渐发挥出来，对减少泥石流对当地的危害起到了不可忽视的作用。

5.1.2　造林的林型配置与树种选择

林业措施防治泥石流对林型的配置和树种选择与水土保持具有相似性，但在造林部位上的要求则有所不同。

5.1.2.1　泥石流流域林型配置的原则

对绝大多数泥石流沟而言，其流域面积都较小，如四川境内成昆铁路沿线可量算出流域面积的366条泥石流沟，流域面积在0.04～161.47km²之间，其中流域面积大于55km²的仅有10条，只占总数的2.3%，即使是其中流域面积达到161.47km²的大泥石流沟，和大江大河相比，也只能算小流域。因此，从总体而言，泥石流沟通常都属小流域，就这一点来说，泥石流的防治实际上就是针对小流域特种灾害开展的防治。

采用林业措施防治泥石流，是借鉴水土保持学防治小流域水土流失的原理和方法，对暴发泥石流的小流域进行的防治，因此，所采用的林业措施的林型配置与水土保持的林型配置基本一致。但是，因为针对的对象是泥石流，所以在流域内的林型配置的实施部位上会有差别。

根据泥石流沟内不同部位在泥石流的形成与活动中的特征，一般可将其分为4个区：位于流域上游的清水汇集区和泥石流形成区，中游或中下游的泥石流流通区，下游或沟口部位的泥石流堆积区。因此，在流域的不同部位，其对泥石流的形成和发展所起的作用不一样，林业措施的对象和实施目的也不一样，林木的立地条件也有差异，在实施林业措施时，这些都必须考虑。一般来讲，不同的区域都有各自最适宜的植物种，只有在当地生长旺盛的植物种才能形成有效防治泥石流的植被类型，也才能产生最好的生物治理效应、生态效应和经济收益。因此，应当遵循的造林原则是：因地制宜，在流域不同的部位针对不同的要求和立地条件，有针对性的分别营造不同的林型并选用不同的适生树种。

此外，防治泥石流的林业措施还要同山区群众脱贫致富奔小康与新农村建设紧密结合才行。因此，造林的林型配置和树种选择还必须考虑兼顾山区群众的经济利益。只有这样，才能使山区群众在参与防治泥石流灾害的过程中，既能减轻或消除泥石流灾害，又能在林业措施实施后获得一定数量的林特产品，增加经济收入，反过来进一步调动他们参与防治泥石流、保护林业工程和维护山区生态环境的积极性，最终把林业措施防治泥石流产生的防灾减灾效益、生态环境效益、经济效益、社会效益发挥到极致，并能够长久而持续地发挥。

5.1.2.2　泥石流流域分区与造林

1. 清水汇流区

清水汇流区位于泥石流沟的沟源和上游。在泥石流形成的过程中，这一区段主要提供水体和水动力条件。清水汇流区的地形特征是坡面和沟谷均较短，山坡陡峻、沟床纵坡大，在暴雨条件下地表径流汇流时间短，流量虽不大，但流速快，单位流量动能大，下蚀能力强。针对这些特征，在这一区段宜营造水源涵养林，利用林木的树冠、树枝和林下枯枝落叶层拦截、滞留降雨，一方面延长地表径流的汇流时间，减小径流系数和削减洪峰流量，达到削弱形成泥石流的水动力条件的目的；另一方面，通过蓄滞下渗水流，增加地下水补给，减少地表径流。

人工营造水源涵养林，以培育成乔、灌、草相结合的、具多层结构的复层林为最好。

2. 泥石流形成区

泥石流形成区通常位于流域的上游、中游，仍具有山坡陡峻、沟床纵坡大的特征，但随着山坡和沟谷的加长，坡面径流和沟谷洪流流量大增，下蚀和侧蚀能力加强，因此沟谷和坡面都遭到强烈侵蚀，山体破碎，水土流失现象十分严重，崩塌、滑坡和坡面泥石流活动强烈，坡面上或沟床内松散堆积物极为丰富，是泥石流的松散固体物质的主要补给源区。针对该区的地形和坡面特征，宜营造水源涵养林和水土保持林，以利用森林植被保护山坡坡面和维持沟道岸坡的稳定，减小坡面侵蚀作用的强度，从而减少松散碎屑物质进入沟床补给泥石流的数量。由于该区段山坡和沟道两岸的稳定性一般都较差，造林的立地条件也往往较差，受这些不利条件的制约，直接造林一般难于成活，需在山坡下部或沟道中配合一定的工程措施，如修建谷坊、护坡、挡土墙等工程。通过这些工程的作用，既使山坡和沟岸能够保持基本稳定，又使造林的立地条件得到改善，然后再进行造林和植草等，这样才能够保证林草有较高的存活率。

3. 泥石流流通区

泥石流流通区一般处于流域的中游或下游，其地形仍较陡急，但从全流域来看，沟床纵坡已发育至泥石流沟的均衡剖面阶段，即不冲不淤阶段或冲淤大体平衡，泥石流作用以通过为主，但实际上也有冲刷、淤积和松散固体物质补给作用发生。不过从总体上来说，该区段补给泥石流的松散固体物质较少，对泥石流的流量和规模贡献较小。但泥石流规模不同，所要求的均衡纵坡也不同，往往流量大时，能量也大，会对均衡纵坡造成冲刷，流量小，能量也小，会在均衡纵坡中形成淤积，出现大冲、小淤的情况；但若从平均来看，基本上仍然是处于不冲不淤的状态。

该区段实施造林措施的目的是稳定沟岸和山坡，减少坡面侵蚀，减少参与泥石流活动的松散固体物质量，使泥石流流经本段时，只有清水汇入，流过本段后，流量虽有增大，但密度和黏度却有所减小，流动性增大，泥石流流体有所变性（即由稠变稀），从而减小对下游的危害。在该区段造林，林型要根据地形条件和坡面侵蚀状况等实际情况而定，一般营造水土保持林、用材林、经济林、沟岸防护林、薪炭林等，在林间缓坡地带可适量布置一些草地，供放牧使用。

4. 泥石流堆积区

泥石流堆积区位于泥石流沟下游或与主河交汇口附近，地形比较平缓、开阔，泥石流作用以堆积为主。在该区段，由于地形坡度小，泥石流运动的阻力增大，能量逐渐耗尽，沿途产生堆积作用，并逐渐停止运动。城镇、村庄、农田和人类活动主要集中在这一区段，因此泥石流对人类的危害也主要集中在这一区段。这一区段植树造林，林木能够起到一定程度拦截泥石流和削减泥石流破坏能力的作用。在这一带实施林业措施，除考虑防治泥石流的危害外，还应注重解决与当地居民生活直接相关的一些问题，如烧柴和发展经济等，因此林型配置宜以经济林、薪炭林、沟道防护林和护滩林为主，兼顾用材林或牧地等。

5.1.2.3　造林树种的选择

实施林业措施能否成功，关键在于是否做到了适地适树。因此，树种选择的重要性不言而喻，它是林业措施中首先要慎重考虑的一个问题。只有从泥石流流域自然环境的实际出发，根据流域不同部位的立地条件，选择不同的适生乔、灌木树种进行造林，才能取得林业措施的成功。树种的选择应注意以下4项：

第一，以乡土树种为主，适当引种适宜当地条件的速生树种。选用乡土树种可以提高树木的成活率；引种适宜泥石流沟当地条件的速生乔木、灌木树种等，则可以提高植被恢复的速度，引种的品种以优良速生、深根和有较高经济价值（如经济林木或果树）及观赏价值的树种最好，尽可能地增加当地农民的收入和改善环境、美化环境。

第二，适地适树。仔细分析影响林木生长的制约性因子，有针对性的选用对不利环境适应能力强的树种作为造林树种。泥石流沟内垂直高差较大，地形复杂，各区段水热条件和土壤性质也不尽相同，适宜生长的树种及林木类型有差异，在选种时应充分考虑这些因素，以保证造林的成功。

第三，根据造林的种类不同，选用不同的树种。如水源涵养林，以选用适生的高大乔木树种为主，用材林、水土保持林及各种防护林，则选择根系发达、根蘖性强、耐旱耐瘠薄、生长迅速、郁闭快的树种；在有地下水出露或谷坡下部等易遭水湿的地方，要选择耐水湿的树种；在接近分水岭或山梁等高处营造防护林时，要选择抗风性强的树种；经济林应选择适生的、经济价值高并兼有水土保持效益的树种；薪炭林应选择根蘖性强、生长迅速、耐火力强、耐砍耐割的树种。

第四，居民点附近选择具观赏性的树种。在靠近村镇等居民点的部位、泥石流流域下游及沟口附近和邻近旅游景点的泥石流流域，应尽量选择具有美化、香化和色彩鲜明的观赏树种，以打造美好的人居环境，提高居民的生活质量。同时，在能够充分保证游客安全的前提下，那些植被生长茂盛、生态恢复良好、具有优美环境的泥石流沟，可适度发展观光旅游，以增加当地居民的收入。

尽管林业措施对于防治泥石流灾害有着重要作用，但对森林植被抑制泥石流等山地灾害的能力也要有正确认识，既要充分肯定森林植被具有保持水土的作用，并且在一定条件下具有抑制泥石流发生的作用，但也不能过分夸大其抑制灾害的能力，否则就可能出现对森林植被良好，但仍具备发生泥石流条件山区的忽视或减弱防灾措施，进而导致防灾减灾工作的被动。

5.2　农业措施

农业措施是生物措施防治泥石流的一个重要组成部分。将农业措施融入防治泥石流的生物措施之中，统筹考虑流域的植被生态系统，进而建立与泥石流防灾减灾相适应的农业生态系统，最大限度地提高山区土地资源的生产力，充分发挥农业措施的生态效益和经济效益，对减轻和防治泥石流灾害有着重要意义。

5.2.1　陡坡耕地退耕还林

陡坡耕地水土流失严重，不仅对生态环境起着破坏作用，而且流失的泥沙汇集到沟道里，对泥石流的形成起着促进的作用，有的甚至在暴雨的作用下直接在坡耕地形成坡面泥石流。因此，在山区，凡坡度大于25°的坡耕地，都应实行退耕还林。

自我们国家在大范围内实施d然林禁伐和退耕还林工程以来，工程区的森林资源稳定增长，水土流失面积减少，沙化土地治理见成效，也给工程区的农民带来了实惠，对改善生态环境、维护国土生态安全发挥了无可替代的重要作用，受到普遍好评，这项工程对大区域范围防范泥石流灾害也起到了积极作用。但还需要继续做更细致的工作，巩固退耕还林成果，防止新的陡坡耕种或毁坏林木现象的发生。

退耕还林中对那些坡度较缓（15°～25°）的坡耕地，退耕后可种植经济林或用材林，用林特产品收入替代农业收入；在条件适宜的地区也可种植高产优质牧草，通过圈养和割草喂养牲畜，力保山区群众在退耕还林的条件下，经济收入还能不断提高。

5.2.2　沟滩地退耕还沟

沟滩是泥石流或山洪的通道，过去为了扩大耕地面积，进行了围滩造地，使不少沟滩地被改造成了农田。这样做虽然使耕地面积扩大了，但却挤占了沟谷的行洪断面，对山洪或泥石流的排泄有阻碍作用，使山洪或泥石流发生时不能顺畅排泄，还因沟道被束窄使其流动受阻而易泛滥成灾。因此，必须采取措施将沟滩地还沟，恢复沟道的泄洪断面，并修筑沟堤，保护两岸滩地以上的农田和居民点等的安全。

5.2.3　改造闸沟垫地的地埂

在中国北方的石质山区，有很多小流域内都实施过闸沟垫地工程（包括泥石流沟），即在沟道内用石头干砌成谷坊坝，以此为地埂，将泥土拦蓄在沟道内，便形成了很多坝阶地，又叫闸沟地，由此获得了更多的耕地，对农业增产增收起到了一定的作用。但因为这类谷坊坝仅仅是用石块干砌而成的，石块间缺乏黏接，结构性很差，强度极低，并且无基础，在暴雨作用下，容易溃决。其一旦溃决便为泥石流形成提供大量松散物质，成为泥石流固体物质的补给源地，对增大泥石流规模和危害起着不可忽视的作用。北京山区、辽东山区等地都有过很多这方面的教训。因此，必须对干砌石谷坊坝进行改造，部分的干砌石谷坊坝需要改建成浆砌石谷坊，以保证其有足够的抗冲强度，确保闸沟地安全；即使有泥石流发生时，因浆砌石谷坊保持稳固，可起到不增大泥石流规模与危害的作用，也可减少农业损失。

在中国西北黄土高原地区的沟道里，为了拦泥和淤地，当地群众修建了大量的淤地坝，坝内拦截泥土后形成的土地成为坝地，用以耕作。多级淤地坝拦淤后便构成多级坝地。由于不少坝为黄土堆成的土坝，强度差，不坚固，在暴雨作用下，一旦溃决便形成泥流，拦蓄的泥土对增大泥流规模和危害起着很大的作用。陕北、陇东等地都有过很多这方面的教训。对这类土坝必须加以改造，提高强度，防止溃坝形成泥流危害下游，同样也可减少农业损失。

5.2.4　改造坡耕地

坡耕地往往实行的是顺坡耕作，一般都没有修地埂，一遇暴雨，在坡面径流作用下表层冲刷强烈，导致土壤肥力丧失和水土流失。长此以往，使耕地的土层变薄，质地变粗，结构恶化，以至于土壤严重退化，甚至引起表层沙化，不仅导致农作物产量大大降低，而且对生态环境造成严重破坏。因此搞好农田基本建设，加强对坡耕地的改造十分必要。在经济条件较好的山区，可采用政府在经济上适当补助的办法鼓励农民修筑地埂，将坡耕地改造成梯田；对暂时不能梯田化的耕地，引导农民将顺坡耕作改变为等高耕作、条带状耕作或垄作，并在顺坡向较长的耕地中部栽植一个或多个有一定宽度的经济林木带或经济草本植物带，截留（阻）顺坡而下的坡面径流与泥沙，减少水土流失和补给泥石流的松散碎屑物质。

5.2.5　边远山区生态移民

由于经济发展的不平衡，在边远山区生活的部分群众的生存条件仍然很差，不仅生活和生产活动受到泥石流等山地灾害的危害和威胁，而且因土地资源等缺少，其他农业生产条件也很差，有的甚至连人畜饮水都很困难，当地生态环境和社会发展的人口压力大。虽然政府已经做出了很多努力，但因为基本生存条件差，群众的生产、生活条件仍很难改善。这些地方的居民，如果还继续留在原地生活，要实行退耕还林等农业措施将十分困难。因此，需要在这些地区开展生态移民工作，为实施防治泥石流的农业措施创造条件，同时也减轻社会发展的人口压力，促进生态环境向良性循环方面转化。

5.3　牧　业　措　施

总体而言，山区的经济发展，必须坚持以林业为主，牧业、副业为辅，在有泥石流等山地灾害活动的山区也同样如此。但在一些地方，放牧是山区群众的一项重要收入来源，而牲畜往往会啃食林木幼苗，对林地保护不利，于是林业和牧业似乎是一对互不相容的矛盾体。虽然如此，还是需要给牧业以一定的地位。若对牧业处置不当，使当地群众的经济收益受到了较大影响，仍然会给林业措施的实施带来不利影响，从而影响到泥石流防治工作的开展。因此要全面考虑，并采取适当措施，既促进牧业发展，又保证林业不受损害。

5.3.1 改良草场

有的泥石流沟内存在可以放牧的草场，对此应开展调查工作，了解牧草的品种和品质。如果草场生长的草本植物品种比较单一、品质不佳或缺少豆科植物等，就需要采取措施对草场进行改良。例如，试验引进一些适应当地环境、生长迅速、根系发达、抗逆性强、生命力旺盛、繁殖力强、营养价值高的牧草或豆科植物，以满足放牧和增强土壤肥力的要求。山区地形条件复杂，牧场宜草本和灌木结合、多品种混播，以增强植被的群体效应，这样才能提高牧场的质量和载畜量，有利于提高土地的利用率和生产力，从而产生巨大的经济效益，以此巩固泥石流治理成果，促进泥石流治理区农村经济和区域经济的发展。

5.3.2 有选择性的发展人工草地

退耕以后的坡地，是否全部都要还林，要视当地的具体情况及需要来定。例如，有些泥石流沟内的部分坡耕地，可有选择地发展为人工草场。在相同的条件下，人工种植的牧草生长快，株丛密，品质好，产草量高，与天然草场比较，牧草产量可提高3～7倍。但一定要有选择地发展，切忌盲目进行。

5.3.3 调整牧业结构

要遵循草畜平衡的原则，按草地植被类型合理安排畜群畜种的比例，羊、牛兼牧。同时，将养殖牛、羊与饲养其他家畜、家禽统一考虑，并进行相互协调，使畜群结构尽可能趋于合理，达到家畜种类与数量在草地空间的最佳分布。

5.3.4 改变牧业养殖方式

改变传统牧业养殖的粗放经营的方式，做到适草适牧；改变在山坡随意放牧和任随牛、羊乱啃食苗木的现象，维护林木安全；推行放牧与割草贮草舍饲相结合的方法，逐步减少坡地放养，增加圈养，利用人工草地割草饲养，逐渐用圈养代替放养，以解决林牧矛盾。按照草地生长的季节性规律养殖牲畜，充分利用暖季青草期的草场资源快速发展牲畜、育肥，到冬季枯草期来临时，只保留基础母畜，将已育肥的老、弱、残畜、商品畜及时淘汰出栏，变为商品，以扬草场之长，避其之短，即由季节畜牧业替代传统畜牧业的养殖方式。

5.3.5 改良养殖品种

对羊的品种而言，尽量少养或不养要啃食幼树树茎和树皮的山羊，减少或消除其对林业的不利，改养不啃食树茎和树皮的羊种，如小尾寒羊。进一步培育或驯化引进优良牲畜，淘汰生长慢、对林业破坏性大的品种，提高生产性能，早出栏，快出栏，提高泥石流发育区群众的经济收入。

5.3.6　控制草场载畜量

草场虽然是可再生资源，但各种牧草都有各自的生长规律，要根据牧草的生长规律合理利用草场，改变传统的自由放牧方式，避免发生草场早期放牧、频繁放牧和低茬放牧等危害草场的现象，严格控制载畜量，实行以草定畜、草畜平衡，坚决禁止超过草场载畜量放牧，既要注意充分利用草场，更要注意草场的休养生息，使草场资源可永续利用，并由此获得长久和更大的经济效益。

5.3.7　严禁在封山育林区放牧

牛、羊等牲畜对幼树幼苗的啃食和践踏，往往直接造成其死亡，导致封山育林失败。因此在封山育林区应严格禁止放牧，以保证森林不受外界的干扰和破坏，林木能正常生长，早日发挥生态与减灾效益。

5.3.8　发展家庭副业与旅游业

随着林业措施的实施和逐步发挥出防灾减灾效益，山区的生态环境不仅得以恢复，泥石流危害逐渐减轻，而且林特产品也日益丰富，可利用其发展中草药采集与加工、养蜂、木材加工等副业，以副业增加的收入弥补牧业减少的收入；还可利用林地恢复带来的优美环境，开辟旅游度假地，发展旅游业等，既满足了城乡人民群众日益增长的物质与文化的需求，又增加山区群众的经济收入，可谓一举多得。

第6章 泥石流灾害监测和预警

泥石流监测预警作为一种经济、有效、先行的预防手段，越来越受到关注。泥石流监测是泥石流研究的先行手段。泥石流预警包含预报和警报2个方面，泥石流预报即在泥石流暴发之前做出是否暴发及可能暴发的时间、规模、危害范围和强度的判断，可分为长期、中期、短期和短临预报。泥石流警报是流域上游泥石流暴发后，通过仪器或人工监测泥石流暴发及其特征的信息，做出泥石流可能到达承灾区的时间、规模和危害的判断。二者的根本区别在于警报能监测泥石流的暴发和活动过程，预报则监测泥石流暴发之前的激发因素。

6.1 泥石流监测

既然泥石流的预警是基于泥石流监测结果，则其需要解决的关键问题是在什么时间、什么地点、会发生多大规模的泥石流。这就涉及泥石流形成的必要条件（水源、物源和地形条件）在何种组合的情况下才能暴发泥石流。因此，对于泥石流监测来说，主要内容可分为形成条件（物源、水源等）监测、流体特性（流动动态要素、动力要素和输移冲淤等）监测及防治工程建筑物监测等内容。近年来，泥石流监测手段、方法、内容等得到不断完善，预警技术得到不断完善，预警技术得到不断提高，对防灾减灾起到了积极的作用。

6.1.1 泥石流形成条件监测

泥石流形成条件监测主要包括水源条件和物源条件监测2类。

6.1.1.1 水源（气象水文）条件监测

水源既是泥石流形成的必要条件，又是其主要的动力来源之一。泥石流源区水源主要以大气降水、地表径流、冰雪融水、溃决以及地下水等为主。对大气降水来说，主要监测其降雨量、降雨强度和降雨历时；对冰雪融水来说，主要监测其消融水量和历时；当泥石流源区分布有湖泊、水库等时，还应评估其渗漏、溃决的危险性。

1. 降雨测量

对泥石流流域的降雨进行长期定点观测，首先应对影响该区域的天气系统进行分析，进而对流域的历史降雨资料进行研究，力求在布设降雨观测点之前，对该流域的降雨时空分布有一个全面的了解，降雨观测点的布设应能有效地监测全流域的降雨状况，并且易于日常的维护与资料的收集。在可能的情况下，最好能建立某一点或几点降雨与发生泥石流的关系，这样就可根据降雨资料，迅速分析出泥石流暴发的可能性。

2. 泥石流激发水量的测量

泥石流激发水量即激发泥石流发生并参与泥石流运动的水量。它主要由2部分组成，一是泥石流暴发前固体物质的含水量；二是泥石流暴发前本次降水量。本次降水量可以通过前述的降雨量测试方法直接测量，而固体物质含水量却很难在泥石流暴发前直接测定，在泥石流的研究中，可用泥石流暴发前的前期降雨量来反映固体物质的前期含水量，可用下式计算：

$$P_{aD} = P_1 K + P_2 K^2 + P_3 K^3 + P_4 K^4 + \ldots + P_n K^n \qquad (6\text{-}1)$$

式中：P_{aD} 为泥石流暴发前的前期降雨量（mm）；P_1、P_2、P_3、…、P_n，分别为泥石流暴发前1天、前2天、前3天、…、前n天的降雨量；K为递减系数，K值根据纬度、日照、蒸发能力、固体物质的渗透能力来确定，一般宜取0.8左右。一次降雨，一般在20天就基本耗尽，所以n取到20即可。

一次泥石流暴发所需的激发水量指标的确定还受到许多因素的影响，如雨强的大小，雨区是否同固体物质的主要补给区相吻合，雨区的覆盖区域大小以及固体物质本身性质等。激发水量大也不一定会暴发泥石流，需对具体情况做具体分析。

3. 径流量的观测

径流量的观测是指在未发生泥石流的情况下，由于降雨而产生的清水径流量观测。降雨后，在不同的下垫面及环境因素作用下，其产流和汇流的条件和强度是不同的。径流量的大小综合反映了流域的产流和汇流能力。清水径流观测主要包括坡面径流和沟槽径流。

坡面径流可选择不同下垫面条件，如林地、草地、裸露地等建立封闭的径流试验场。为了对几种下垫的产流和汇流条件进行比较，应尽量选取同海拔和坡向相近的坡地，观测在同等雨量下，各类坡地的产汇流能力以及产沙能力。

沟槽径流量的观测可采用传统的水文断面观测法来测量。除雨后测量沟槽中洪水径流量外，还应测量沟槽的基本径流量，在泥石流暴发后其基本径流量值虽只在泥石流量中占极小部分，但基本径流量却反映了流域的地下水流动状况和流域的蓄水能力。应该注意的是，沟槽径流量的测量应该在主沟和支沟同时进行，以研究流域的汇流速度和汇流特性。

降水监测常用的监测方法包括流域点雨量监测（自动雨量计观测）、气象雨量监测和雷达雨量监测。

①流域点雨量监测。对于中小泥石流流域，在泥石流物源区设置一定数量的自

动雨量计实时监测降雨过程，并对历次泥石流发生情况的降雨资料进行统计分析，建立相关流域泥石流临界雨量预报图，进而对实时雨量与临界雨量线进行对比，发布预警信息。

②气象雨量监测。根据国家及当地气象台等发布的卫星云图来监视该区域各种天气系统，如锋面、高空槽、台风等的位置、移动和变化情况，根据气象云图上的云型特征预报、预警降水。

③雷达雨量监测。根据雷达发射电磁波的回波结构特征，探测带雨云团的分布及移动情况，提供未来24h及更长时间降雨发生、发展、分布及雨区移动和降水强度，结合区域沟道设定的临界降雨量标准进行综合判别后发布泥石流预警信息。

6.1.1.2 物源条件监测

泥石流固体物质来源是泥石流形成的物质基础，应对其地质环境和固体物质性质、类型、空间分布、规模进行监测。泥石流物源区固体物质主要为堆积于沟道、坡面的崩塌、滑坡土体，其物质成分大多为宽级配土等。其中，形成泥石流的物源大部分来自崩塌、滑坡土体。因此，固体物质来源监测需要着重关注泥石流流域内，尤其是物源区坡面、沟道内堆积体（不稳定斜坡）的空间分布、积聚速度以及位移情况，如地表变形监测、深部位位移监测等，而对于流城表层松散固体物质（松散土体、建筑垃圾等人工弃渣），除监测其分布范围、储量、积聚速度、位移情况及可移动厚度外，还应监测其在降雨过程中、薄层径流条件下的物理性质变化情况，如松散土体含水量、孔隙水压力变化过程等内容。

物源条件监测主要布置于大型物源点、水土流失区域，以地表位移监测为主，必要时可增加深部位移监测、地下水监测、土体含水率监测等内容，实质上与传统的边坡监测较为类似，物源条件监测布置可参考边坡监测进行布置。

6.1.2 泥石流运动与动力要素监测

泥石流运动监测的目的是获取运动参数，包括暴发时间、历时、过程、类型、流态和流速、流量、泥位、流面宽度、爬高、阵流次数、沟床纵横坡度变化、输移冲淤变化和堆积情况监测等，以及取样分析、测定输沙率、输沙量或泥石流流量、总径流量、固体总径流量等。泥石流动力要素监测内容包括泥石流流体动压力、龙头冲击力、石块冲击力和泥石流地声频谱、振幅等，利用这些参数可以进行泥石流危险度评价与风险分析。泥石流运动状态的准确性，是确定泥石流防治措施和防治工程设计的重要依据，直接影响着工程建筑物的设计标准和结构形式。

传统的泥石流运动要素监测主要依靠现场对正在流动的泥石流进行记录和准确描述，有条件时可运动状态用录像、摄影的方法进行记录，然后再进行分析、研究。观测一般选择在泥石流沟的流通段进行。选择冲淤变化小、顺直的沟段布设观测断面。沟岸最好要有基岩出露，便于架设观测缆道及安装观测仪器和设备。在整个观测区域内，要有良好的通视性。

6.1.2.1　泥石流流速的测量

由于泥石流流体的特殊的物质组成不同于水流的运动状态，其流动速度的测量就不能沿用水文测量中水流的流速测量方法，必须根据泥石流的运动特点，采用切实有效的测试方法，才能完成流速测量的任务。遗憾的是，虽经多年的努力，泥石流流速测量仍未达到十分满意的效果，无论是原型观测还是实验观测，泥石流的流速分布测量都还处于探索阶段，这对于泥石流运动机理的深入研究，是一个极大的障碍。目前，在原型观测中，对泥石流表面流速的观测，通常采用浮标法、龙头跟踪法和非接触测量法。

1．浮标法测速

浮标法测速是借用水文测量中传统的测速方法。在较为顺直的沟道中，利用架设跨沟的缆道设置浮标投放断面和测速断面：当泥石流流经观测沟段时，记录投放在流体表面的浮标，通过上、下断面已知距离所需的时间，计算泥石流的表面流速。浮标必须保证能在流体表面同泥石流同步流动，并且要易于分辨，可采用实心泡沫球加系充气彩色气球制作，或用其他可满足测量要求的物体替代。在泥石流测量中不可能用测船来投放浮标，一般采用在沟岸人工投掷或特制浮标投放器来投放浮标。蒋家沟泥石流观测站的浮标投放就是通过安装在跨沟的浮标投放缆道上的投放器来完成的。通过手动滑轮，可将投放器运行到断面上的任意位置投放浮标，测量断面上任意一点的流速：并可同时安装3个浮标投放器，在泥石流到来时，同时测量断面上3个点的表面流速，从而得到泥石流的表面横向流速分布。在实际操作中，浮标法测流难度较大，对于紊动强烈的泥石流，浮标不是被损坏，就是被裹入流体致使浮标到达测速断面时不能被识别，再者泥石流暴发多为夜间且风雨交加，浮标难于准确到位和被识别，所以浮标法测流受到诸多条件的限制。在可视条件良好、且泥石流流态平稳的情况下，如黏性层流或连续流的流速测量，还是能够达到满意的效果。

2．龙头跟踪法

泥石流的运动特征之一就是其不连续性，特别是黏性泥石流，有明显的阵性。其阵性流的前部，称之为龙头，龙头是一个明显的测流标志。记录龙头通过测流断面所用时间和断面间距离，即可得到龙头的平均流速。把整个泥石流的龙头当做一个整体来看待。流体流动速度的不均匀性在流动过程中被均匀化，因而将龙头流速当做泥石流的表面平均流速是可行的。把泥石流的龙头作为测速标记，基本不受环境等客观条件的影响，并能节省观测人员及物质，是一种切实可行的测量方法。在蒋家沟的泥石流观测中，因为80％以上的泥石流均以阵性流的方式出现，所以流速测量多采用龙头跟踪法。

3．非接触测量法

非接触测量法是指用测速仪器在不同流体接触的情况下间接测量泥石流的流

速。非接触测量的方法有许多，采用的2种比较有效的方法是录像判读法和雷达测速法。录像判读法是将泥石流通过观测断面的整个过程用摄像机录制下来，然后重放判读，根据泥石流中特别明显的标识，如龙头、大石块、泥球等通过已知距离所需的时间来测量流速。在可视条件较好的情况下，这种方法不失为一种行之有效的方法，但如果泥石流发生在夜间，这种方法就难以达到满意的效果。

雷达测速仪是根据多普勒效应研制的测速仪器，具有结构简单、精度高、测速范围广、抗干扰性能好的特点，因而被广泛用来测定移动目标的速度。其工作原理根据如式（6-2）所示：

$$f_{np} = \frac{1 + \dfrac{v}{c}\cos\alpha}{1 - \dfrac{v}{c}\cos\alpha} \tag{6-2}$$

式中：f_0为发射频率，H_z；f_{np}为接收频率；c为光速；v为泥石流流速；α为无线电波相对于泥石流流面的入射角。泥石流流速可由式（6-3）求得：

$$v = \frac{(f_{np} - f_0)c}{2\cos\alpha f_0} \tag{6-3}$$

将雷达测速仪的d线安置在泥石流沟道边用定向瞄准器对准测试目标位。当泥石流通过测试段时，测速仪自动测试泥石流的表面流速并记录下来。

根据对不同沟谷泥石流流速观测资料的分析，雷达测速仪所测流速均比前几种测速方法所测流速大，并且泥石流紊动越强烈，差别越大。这主要是因为紊动强烈的泥石流流体中飞溅的石块及浆体的速度远大于泥石流的整体速度。对于流态较平稳的泥石流，测试结果则相差较小。

6.1.2.2 泥石流泥深的测量

泥石流的泥深是指泥石流通过测流断面时流体的实际厚度。它是计算泥石流过流断面面积进而计算泥石流流量以及分析泥石流运动和力学特征的重要参数。泥深测量由于受到泥石流流体物质组成及强烈冲淤特性的影响，进行动态测量非常困难。在水文观测的水深测量中，河床的河底断面形态变化较为缓慢，一般是以测量其水位的高低即可计算水深。但在泥石流的泥深测量中，除非有刚性床面（人工河床、排导槽），泥石流在过流过程中，不发生显著的冲刷或淤积，否则，泥石流表面的泥位高度均不能准确地反映泥石流的流动深度。

超声波测深是利用回声测距的原理，声波在均匀介质中以一定的速度传播，当遇到不同介质界面时，由界面反射。发射和接收声波的时间间隔t已知，即可得到发射点到界面的距离s：

$$s = \frac{1}{2}vt \qquad\qquad (6\text{-}4)$$

式中：s为超声波在介质中的传播速度。

用吊在泥石流上方的超声波换能器向泥石流表面发射超声波，碰到流体表面即产生反射回波，根据从发射到收到回波的时间和超声波的传播速度，即可得到换能器到泥石流表面和沟床底距离，从而测得泥石流的泥深。超声波测距的采样频率可达每秒4次。因而可以测得泥石流的泥深变化过程。

6.1.2.3 泥石流冲击力的测量

泥石流沟道的冲淤特性和泥石流强大的冲击力给测试工作带来了极大的困难，自20世纪70年代以来，泥石流研究者以极大的努力进行这项工作并取得了一定的进展，主要采用以下2种方法进行泥石流冲击力的测试。

1．电阻应变法

将2个荷重式电阻传感器对称地装入一只钢盒内，当钢盒受到冲击后，则有信号输出。钢盒的加工制造要有较高的工艺要求，钢盒不仅要能抗冲击（通常采用45号钢），还要防水，而且还需与传感器有同步响应，即卸载后能恢复到原来状态。这种测试方法需要在沟道中修建测力墩台，在墩台的迎水面上安置若干个装有荷重式电阻传感器的钢盒，将由钢盒中引出的导线连接到室内的应变记录仪上。可见，这种测试方法的传感器的设置与安装、准确的标定以及在具有大冲淤的泥石流沟道中安全的使用是比较困难的。

2．压电晶体法

压电晶体法的测力原理是：晶体受力后，内部发生极化现象而产生电荷，当外力去掉后又恢复为不带电状态，其产生的电荷的多少与外力大小成正比。如中国科学院力学研究所合作研制的NCC-1型压电晶体传感器。在使用时，传感器被固定于一个钢座上，其受力面迎着泥石流冲击方向，钢座可以固定在泥石流必经沟段的合适部位，如崖壁上。装有传感器与遥测数传装置相结合的遥测数传冲击力仪之测站可安置在安全之处，连接传感器与放大器的引线即可进行测试，该装置不仅实现了远距离遥测、遥控，而且又实现了较高频率的采样，可在沟床的任意合适的地点安放传感器，省去了建造冲击力墩台的麻烦与高昂的代价，并可保证源源不断地取得测试数据。

在沟床稳定、设立墩台方便、距离较近时（传输导线50m左右），采用电阻应变法对泥石流冲击力进行测量是行之有效的。压电晶体法传感器的动态范围、灵敏度、稳定性均优于电阻应变法，而且采用数传、遥控，不受沟床冲淤变形的影响，频率高，数据量大，可以直接用计算机进行数据处理，总体来说，压电晶体法优于电阻应变法。

随着科学技术的发展，根据泥石流在形成的运动过程中石块之间相互作用、泥石流体撞击沟床和岸壁产生的地声，已开发出泥石流地声监测预警系统。泥石流地声信号具有一个狭窄的频率范围，且卓越频率较环境噪声至少高出20dB。

此外，由于泥石流在进入主沟沟床后多表现出阵性特征，而且泥石流形状呈前陡后缓，对沟床基底的压力变化呈准周期变化，因此，可以通过监测泥石流主沟沟床底部的压力变化来监测泥石流的运动。主要的监测方法包括常用的压阻式传感器、半导体应变片压力传感器、压阻式压力传感器、电感式压力传感器等，目前还新发展起来光纤传感器用来监测泥石流的运动。

6.2　泥石流预报

6.2.1　理论基础

泥石流形成机理是泥石流预报的理论之本，但由于泥石流形成的复杂性，目前对泥石流形成机理的研究尚处于探索阶段。自然界中的泥石流形成类型多样，形成机理复杂，苏联学者弗莱施曼（Fleisheman，1978）根据大量的野外调查资料将泥石流的形成分为3种类型：动力类、重力类、动力和重力复合类。苏联学者维诺格拉多夫（Vinogradov，1980）提出了3种泥石流形成类型：侵蚀型、滑移型、侵蚀和滑移复合型。这两位学者提出的泥石流形成类型虽然名称上不同，但实质内容却类似，后来的学者一般将其简化归纳成2种启动模式：土动力模式和水动力模式。

6.2.1.1　水力类泥石流起动机理

水力类泥石流起动是由于坡面、沟道中的松散碎屑物质受坡面、沟道水流的冲刷和各种侵蚀作用，不断地进入流体；随着侵蚀的加剧，流体内的泥沙、石块不断增加，并且在运动中不断搅拌，当固相物质含量达到某一极限值时，流体性质发生变化，成为区别于一般水流力学性质和流态的流体。上述过程实际上是一种水动力过程，泥石流的形成是水力侵蚀的结果，径流量和坡度的大小决定径流的动力，从而决定能起动的固体物质的多少。所以，以水力为主要动力形成的泥石流多为固相物质含量相对较少的稀性泥石流或水石流（田连权等，1987）。

许多学者对水力类泥石流起动进行了研究，并且提出了相关的破坏模型和预测公式。例如，高桥早在1978年就认为，泥石流的形成是松散土体在剪切应力大于抗剪强度的作用下形成的，并提出了在有表面流和无表面流下分别判断坡体破坏深度的公式式（6-5）和式（6-6）。王兆印等（1990）通过现场观测和室内实验得到，强烈的冲刷也是导致泥石流产生的原因之一，根据流体力学理论，可以得到描述堆积体表面水流运动的方程，从而可以计算出冲刷的剪应力，可以看作Takahashi模型的深化。然而作者并没有考虑孔隙水压力对抗剪强度的影响，以及随时间变化这些参数的动态变化对坡体稳定的影响。

Takahashi提出的泥石流起动模型属于库仑破坏模型，饱和沟床的破坏有6种类型。考虑浅层坡体破坏土体的剪应力和抗剪强度：

$$\tau = g \sin\theta \left[C_*(\sigma-\rho) + (h_0+\alpha)\rho \right] \qquad (6-5)$$

$$\tau_r = g \cos\theta \left[C_*(\sigma-\rho)\alpha \right] \tan\Phi + c \qquad (6-6)$$

式中，g为重力加速度；σ为土地密度；ρ为水流密度；c为土地黏聚力；Φ为土地内摩擦角；θ为土地坡度；h_0为坡面水流的深度；a为土地表面到土地内部的深度；C_*为固体颗粒饱和时的浓度。

当$d\tau/da \leqslant d\tau_r/da$时，边坡是稳定的；当$d\tau/da < d\tau/da$时，边坡将会发生破坏；当在坡体表面（a=0）的剪应力τ=pg$h_0$sinθ大于黏聚力c时，坡面也会发生剪切破坏。

6.2.1.2　土力类泥石流起动机理

土力类泥石流是坡面上和沟道中的松散碎屑物质在重力作用下形成的。这些松散碎屑物质受降水和径流的浸润、渗透及浸泡，含水量逐渐增加，导致内摩擦角和黏聚力不断减小，并出现渗透水流和渗透力从而使土体被液化，使稳定性遭破坏而沿坡面滑动或流动。经过一段时间和一段距离的混合搅拌，水和固体物质在本身重力的作用下充分掺混形成具有特定结构的泥石流。泥石流的形成必须满足固体碎屑的剪应力τ_0大于固体碎屑极限（或临界）剪应力τ_0。这种主要因土体充水使其平衡条件遭到破坏而引起的运动，会形成固相物质含量相对较多的黏性泥石流，其中最为典型的是滑坡转换成泥石流的过程。

Iverson（1997）指出，滑坡形成泥石流需要3个过程：大范围局部破坏、土体内部过高的孔隙水压力导致土体液化和滑坡势能转化为土体内部的震动能（如提高颗粒的温度等）。在该类模型中，学者们均认为土体破坏的原因是土体内部孔隙水压力上升，而使孔隙水压力上升的原因是地下水流及颗粒液化导致土体局部的库仑被破坏，从而导致黏聚力下降。Iverson提出的坡体安全系数由3项组成：$F_S=T_f+T_w+T_c$。式中，T_f为土体内摩擦角与坡体倾角的正弦值之比，描述抗剪强度和重力的关系；T_w为考虑地下水的强度修正值与重力的比值，表述强度的变化；T_c为黏聚力与抗剪强度的比值，描述在地下水位影响下土体安全系数的变化。当F_s大于1时，滑坡起动转换成泥石流，反之则稳定。

$$T_f = \frac{\tan\Phi}{\tan\theta} \qquad (6-7)$$

$$T_w = \frac{\left[\dfrac{d}{r}-1\right]\dfrac{\partial\rho}{\partial y}\tan\Phi}{y_t\sin\theta} \qquad (6-8)$$

$$T_c = \frac{c}{y_t \sin\theta} \tag{6-9}$$

式中，d为地下水位，即水压力$p=0$，水位平行于坡面，面上水压力p相同；T_w和T_c中y_t分别代表平均单位深度的饱和与非饱和土体（地下水位线之下和之上）的总重度。

对于上述2种泥石流起动类型，虽然其动力作用有一定差异，但两者从静止状态到流动状态的过程，即从准泥石流流体起动转换为泥石流的过程应遵循相同的机理。崔鹏（1990）研究泥石流形成和起动的过程，提出了泥石流形成的突变模式理论。他将位于沟道中段和上段、经过初次搬运、具有类似于泥石流流体组成和结构特征的松散堆积物称为准泥石流流体，包括重力侵蚀、坡面侵蚀以及早期泥石流的搬运堆积物。准泥石流流体在水分或其他外力作用下，结构改变、强度降低、失稳下移的过程称为泥石流起动，继续发展就形成泥石流。

需要指出的是，泥石流的形成机理虽然可用上述模式加以解释，但泥石流的形成过程是复杂的。在一个流域里，由于地貌条件、地质条件和水文气象条件的差异，在一次泥石流形成的过程中，往往存在多种模式的复合。而泥石流形成后，则具有自身独特的侵蚀输移能力，这种能力又在运动过程中不断发展、演化，加上支沟洪水或泥石流的加入，会改变泥石流的性质。因此，在泥石流形成的发源地所见的是局部的泥石流形成模式，不一定反映全流域的泥石流形成模式。在分析一个流域的泥石流形成机理时，应有全局观念才能对泥石流的形成过程有深刻的理解。

6.2.2 预报分类

泥石流预报可以进行不同的分类，如①根据预报灾害的孕灾体分类；②根据预报的时空关系分类；③根据预报的时间段分类；④根据预报的性质和用途分类；⑤根据预报的泥石流要素分类；⑥根据预报的灾害结果分类；⑦根据预报方法分类。

6.2.2.1 根据预报灾害的孕灾体分类

所谓孕灾体就是产生泥石流灾害的地理单元，这个地理单元可以是一个行政区域，也可以是一个水系或地理区划区域，还可以是具体形成泥石流的泥石流沟谷（坡面）。根据灾孕体的不同，将泥石流预报分成区域预报和单沟预报。

区域预报是对一个较大区域内泥石流活动状况和发生情况的预报，宏观地指导泥石流减灾，帮助政府制定减灾规划和减灾决策。区域预报一般是对一个行政区域进行预报，但铁路和公路等部门往往只关注线路沿线区域的泥石流灾害情况和只对线路区域进行预报，应当成为线路预报，因线路预报仍是对某线路区域内的所有泥石流活动进行预报，所以线路预报应包括在区域预报中。

单沟预报是最为具体的预报，是对具体的某条泥石流沟（坡面）的泥石流活动进行预报，指导该沟（坡面）内的泥石流减灾，这些沟（坡面）内往往有重要的保护对象。

6.2.2.2 根据预报的时空关系分类

根据泥石流预报的时空关系，可以将泥石流预报分为空间预报和时间预报。

郭廷辐（1999）将泥石流空间预报定义为通过划分泥石流沟及危险度评价和危险区制图来确定泥石流危害地区和危害部位。这里把区域性泥石流危险度分区（危险度）评价包括在空间预报中，这样空间预报就包括单沟空间预报和区域空间预报。泥石流空间预报对经济建设布局、工程建设规划、山区城镇建设规划和土地利用规划等都具有重要的指导意义。

时间预报是对某一区域或沟谷在某一时段内将要发生泥石流灾害的预报，因此，时间预报也包括区域时间预报和单沟时间预报。

6.2.2.3 根据预报的时间段分类

根据预报的时间段分类就是根据发出预报至灾害发生的时间长短进行分类，对这一分类谭万沛有较深入的研究，把泥石流预报分成长期预报、中期预报、短期预报和短临预报。

长期预报的预报时间一般为3个月以上，中期预报的预报时间一般为3天到3个月，短期预报的预报时间一般为6小时到3天，短临预报的预报时间一般为6小时以内（谭万沛 等，1994；谭万沛，1996，2000）。

6.2.2.4 根据预报的性质和用途分类

根据泥石流预报的性质和用途可将泥石流预报分为背景预测、预案预报、判定预报和确定预报。

背景预测是根据某区域或沟谷内的泥石流发育环境背景条件分析，对该区域或沟谷内较长时间内泥石流活动状况的预测，预测的用途是指导该区域或沟谷内经济建设布局和土地利用规划等。预案预报对某区域或沟谷当年、当月、当旬或几天内有无泥石流活动可能的预报，指导泥石流危险区做好减灾预案。判定预报是根据降水过程判定在几小时至几天内某区域或沟谷有无泥石流发生的可能，具体指导小区域或沟谷内的泥石流减灾。确定预报是根据对降水监测或实地人工监测等确定在数天以内将暴发泥石流的临灾预报，预报结果直接通知到危险区的人员，并组织人员撤离和疏散。

6.2.2.5 根据预报的泥石流要素分类

根据预报的泥石流要素可将泥石流预报分为流速预报、流量预报和规模预报。

流速预报和流量预报都是对通过某一断面的沟谷泥石流的流速和流量进行预报，一般是针对某一重现期的泥石流的要素进行预报，主要为泥石流减灾工程的设计和计算泥石流泛滥范围和危险区的划分服务。规模预报是对泥石流沟一次泥石流过程冲出物总量和堆积总量的预报，对泥石流减灾工程设计、泥石流堆积区土地利用规划等都有重要意义。

6.2.2.6 根据预报的灾害结果分类

根据预报的灾害结果可将泥石流预报分为泛滥范围（危险范围）预报和灾害损失预报。

泥石流泛滥范围预报是泥石流流域土地利用规划的重要依据，是安全区和避难场所划定和选择的重要依据，同时也是危险性分区的重要依据。灾害损失预报是对泥石流灾害可能造成灾害损失的预报，是政府减灾和救灾部门制定减灾和救灾预案的重要依据。

6.2.2.7 根据预报方法分类

泥石流预报方法种类繁多，但归纳起来可以分为定性预报和定量预报2大类。定性预报主要是通过对泥石流发生条件的定性评估来评价区域或沟谷泥石流活动状况，一般用于中、长期的泥石流预报。定量预报是通过对泥石流发育的环境条件和激发因素进行定量化的分析，确定泥石流的活动状况或发生泥石流的概率，一般用于泥石流短期预报和短临预报中，给出泥石流发生与否的判定性预报和确定性预报。定量预报又可以分为基于降水统计的统计预报和基于泥石流形成机理的机理预报。

基于降水统计的统计预报主要是根据对发生的泥石流历史事件进行统计分析，确定临界降水量，并以此作为泥石流预报的依据，是目前研究和应用最多的一种预报方法。基于泥石流形成机理的机理预报是以泥石流形成机理为基础，根据流域内土体的土力学特征变化过程预报泥石流的发生与否，由于泥石流形成机理的研究尚不成熟，所以基于泥石流形成机理的机理预报处于探索阶段。

从以上的泥石流预报分类可以看出，根据分类的依据不同，可以将泥石流预报分成许多类型，但不同类型的预报之间又相互交叉和包含。

6.2.3 统计预报

在泥石流形成机理尚不能支撑泥石流预报的情况下，基于统计分析的泥石流预报便成为主要的泥石流预报方法。统计预报的主要理论基础便是泥石流的发生与降水间的统计规律，现根据国内外的相关研究，将该统计规律进行归纳和总结。

6.2.3.1 泥石流的发生与降水量间的关系

泥石流的发生与降水量间的关系密切，其中包括前期降水量和当日降水量。当日降水是激发泥石流的直接降水，对泥石流的形成起到关键作用，但前期降水对泥石流的形成也具有重要作用，对直接激发泥石流的当日降水量的临界值具有重要影响。国内外对其进行了较多的研究，为泥石流的预报提供了重要参考依据。

崔鹏等（2003）根据蒋家沟实测降水资料，结合泥石流观测，分析泥石流形成的降水组成和前期降水对泥石流形成的影响，发现雨季不同时期土体含水量差异较大，而且在不同时期激发泥石流的短历时雨强也不同，通过实测确定出该流域前期降水量的衰减系数为0.78，在此基础上应用主因素分析法对26场泥石流的降水资料进行分析，发现前期降水在影响泥石流的各项降水指标中贡献率超过80%。

姚学祥等（2005）利用1949～2003年的地质灾害资料和气象资料，分析了我国滑坡泥石流等地质灾害的时空分布特点及其与降水的关系，指出我国地质灾害的发生在空间上具有广域性、地域性和局地性，在时间上具有季节性、夜发性和年际变化等特点，这些特点与降水量分布的关系非常密切，说明降水是滑坡、泥石流等地质灾害的主要激发因子。进一步研究表明：降水诱发地质灾害可归纳为3种概念模型，即当日大降水型、持续降水型、前期降水型。

谭万沛（1989）采用聚类分析方法，对35条泥石流沟的临界水量线进行讨论，找出了它们的分布规律。主要依据泥石流沟观测的水量资料、部分气象站、水文站的水量资料，计算出雨强和实效水量，并制作成水量等值线图。根据水量等值线图，泥石流沟的临界水量线呈阶梯状分布，其趋势与泥石流的规模和性质无关与泥石流沟的流域面积、主沟长度、相对高差和主沟床平均比降等因子关系并不密切，而与泥石流形成区的山坡坡度和泥石流发生频率较为密切，特别是与泥石流提供固体物质的方式最为密切。

Carominas和Mova（1999）通过对西班牙东比利牛斯山Llobregat河上游的近期滑坡和泥石流灾害事件的重建，并利用设在流域内的2个雨量计的雨量记录分2种降水模式对滑坡和泥石流活动与诱发降水间的关系进行了分析研究。如果无前期降水，高强度短历时降水主要在崩积层和强风化的岩层区域诱发泥石流和浅层滑坡，其临界水量为24h降水量达到190mm左右，而要大面积诱发浅层滑坡则需要24～48h降水量超过300mm；如果有前期降水，中等强度的降水（24h降水量至少达到40mm）便可在黏土和粉砂质黏土地层引发泥石流和滑坡。

Wilson和Jayko（1997）利用对美国旧金山湾地区1982年1月3～5日暴雨触发的18000处滑坡泥石流的系列研究资料，通过重新评估以前的统计分析数据以及相对应的雨量计的历史降水记录，对该区域激发泥石流的临界降水量值进行估算。在这个估算中考虑了降水的频率，即平均年降水日数，从而校准了迎风坡和背风坡以及河谷间的降水频率差异。

6.2.3.2　泥石流发生与降水强度和降水持续时间的关系

降水强度对泥石流形成的影响虽然巨大，但仅有短时的高强度降水也很难激发泥石流的形成，一般还需要一定的持续降水时间的配合。因此，国内外许多学者对泥石流发生与降水强度和降水持续时间的关系进行了研究。国际上具有代表性的研究如下。

Caine（1980）利用公开发表的73个由降水诱发的泥石流/浅层滑坡事件的观测资料，对引发泥石流的降水强度和持续时间进行了统计分析，给出了激发泥石流的降水强度和持续时间临界条件，并使用极限曲线来表现这个临界条件。

$$I=14.82D^{-0.39} \tag{6-10}$$

式中，I为降水强度（mm/h）；D为降水持续时间（h）。

Wieczorek（1987）以加利福尼亚拉宏达（LaHonda）镇附近的一个10km²区域为研究区，对1975~1984年10场暴雨引发的110个泥石流的观测数据进行统计分析，得出了引发泥石流的降水强度与持续时间的关系如下：

$$I=19D^{-0.50} \tag{6-11}$$

式中，I为降水强度（mm/h）；D为降水持续时间（h）。

根据对归一化（对年降水量和平均年降水量）降水强度和降水持续时间与灾害事件间的关系分析，确定了其临界条件为：

$$NI_{AP}=0.76D^{-033} \tag{6-12}$$

$$NI_{MP}=4.62D^{-0.79} \tag{6-13}$$

式中，NI_{Ap}为对年降水量归一化的降水强度（%）；NI_{MP}为对平均年降水量归一化的降水强度（%）。

国内学者对降水强度的研究多偏重于10min雨强，如晋玉田（1999）根据攀西地区泥石流灾害事件及其诱发灾害的降水资料，对激发泥石流的10min雨强进行了研究。研究结果表明，当10min雨强达到10mm，在其0.5h内激发泥石流的占68.4%。认为10min雨强与泥石流的发生间具有十分紧密的关系。陈景武（1990）的研究认为10min雨强是泥石流暴发的激发动力，根据云南东川蒋家沟数百次降水过程中的近百次激发泥石流的10min雨强和相应的前期水量建立了降水泥石流沟激发泥石流临界水量的判别式：

$$R_{i10} \geqslant Ar_{i10}-B（P_{aO}+R_t）\geqslant Cr_{i10} \tag{6-14}$$

式中，R_{i10}为激发泥石流所需的10min雨强；Ar_{i10}为无前期降水量条件下激发泥石流所需的10min雨强；Cr_{i10}为前期降水量已使土体饱和条件下激发泥石流所需的10min雨强；P_{aO}为前期间接降水量；R为前期直接降水量。

6.2.3.3 泥石流发生与降水气候特征间的关系

泥石流在全球山区的分布极其广泛，从多年平均降水量仅300mm左右的干旱、半干旱地区到多年平均降水量高达2000~3000mm的湿润地区均有泥石流分布，多年平均降水量的差异高达近10倍。尽管下垫面条件差异不大，但不同气候区内引发泥石流的临界降水量却有显著的差异。这种差异必然与降水特征存在紧密联系。根据韦方强等对我国东南地区（包括浙江、福建和广东3省）的调查发现，当日降水量、3日降水量、5日降水量与多年降水量、雨季降水量间均没有明显的相关性，但除了当日降水量以外，其余各量均与旱季降水量存在明显的相关性；诱发泥石流的当日降水量与场均暴雨量和最大暴雨量间存在一定的线性相关性，3日降水量、5日降水量与15日降水量与年均暴雨量有存在一定的关系，可用非线性拟合。据此可知，当日降水量、3日降水量、5日降水量和15日降水量与区域降水的气候背景之间有较强的相关关系，表现出较强的规律性，可以作为泥石流区域预报的预报因子，且5日降水量和15日降水量的规律性更强一些，更适合作为预报因子。

统计预报准确率较低，漏报、误报比例较大。因为泥石流发生与降水间的统计规律仅反映了二者间的关联性，很难总结出二者的必然联系而给出准确的定量关系，从而准确确定激发泥石流发生的降水阈值。

6.2.4 成因预报

成因预报就是对影响泥石流形成的各个关键因素状态进行评估，从而确定此状态下发生泥石流的可能性大小，是一种介于统计预报和机理预报之间的预报方法。

6.2.4.1 泥石流成因分析

对泥石流成因的研究较多，一般将泥石流的成因归纳为3大基本条件。康志成等（2004）认为泥石流形成的3个基本条件为地质条件、地形条件和水源条件。钟敦伦等（1989）认为影响泥石流形成的自然因素众多，但起决定作用的是地质。地貌、气候、水文、植被等因素，这几种因素的有机组合便构成泥石流形成的3个某本条件：丰富的松散固体物质，足够的水源和陡峻的地形。这些对泥石流成因的分析大同小异，主要从泥石流发育的环境背景条件分析其成因。

泥石流形成和运动过程主要是流域较高处的物质向较低处流动，同时较高处物质承载的势能转化成动能，使泥石流具有较高的运动速度。这里我们利用物质和能量流的角度分析泥石流的成因，认为泥石流的形成是物质条件、能量条件和激发条件相互作用的结果，也就是说泥石流的形成必须具备充分的物质条件和能量条件以及一定的激发条件。

1．物质条件

泥石流是一种含有大量泥沙石块的复杂流体，是否具有足够的松散碎屑物质储量是决定能否形成泥石流的物质基础，是能量的载体。同时松散碎屑物质储量的多少也在一定程度上影响着形成泥石流对其他条件的需求。因此，可供泥石流形成的松散碎屑物质储量是决定泥石流形成的一个关键因素，是其物质基础。

（1）松散固体物质的来源

泥石流流域内的松散碎屑物质来源复杂，但可以归纳为以下几种来源。

①风化层

风化层是地表经风化作用而形成的堆积层，是基岩转换成松散碎堆积层的重要方式。由于影响风化作用的因素不同和岩石抗风化能力的差异，不同区域不同基岩风化层的风化程度和厚度有较大差异。风化层薄的仅有几厘米，但厚的可达几十米，甚至百米以上。

②崩塌和滑坡体

岩土体的崩塌和滑坡导致岩土体发生位移和破碎，可以在较短时间内形成较大方量的松散固体物质，是形成泥石流的松散碎屑物质的主要物质来源，大部分的泥石流活动与崩塌和滑坡活动有关，特别是发生在流域上游的崩塌和滑坡甚至可以在降水作用下直接转化成泥石流。

③坡积物

坡积物是坡面较高处的基岩风化物质在重力作用下沿斜坡向下运移，堆积在山坡和坡麓的堆积物。由于坡积物主要由沙、砾、亚黏等组成，结构松散，是泥石流形成的重要物质。

④松散沉积物

在沟谷及其阶地上的松散沉积物，因其胶结差、结构松散，均可以参与泥石流活动。这些松散沉积物包括冲积物、洪积物、风积物、冰川沉积物、冰水沉积物等。以火山灰为主的火山堆积物也是泥石流形成的重要物源之一。

⑤人为弃渣

人为弃渣如果处置不当也可以成为泥石流形成的物源。人为弃渣主要包括各类工程建设产生的废弃渣土、矿山开采的弃渣和尾矿等。

（2）影响松散碎屑物质储量的主要因素

由上述松散固体物质的来源可以看出，影响松散碎屑物质形成和储量的因素既有自然因素也有人为因素。

①地层

地层是地质历史上某一时代形成的岩石，是所有松散固体物质来源的根本，因此，地层是影响松散碎屑物质形成和储量的关键因素。地层对松散碎屑物质形成的影响表现在2个方面，一个是岩性，另一个是年代。

从岩性上讲，地层包括各种沉积岩、岩浆岩和变质岩。不同岩性的岩石在其矿物成分、结构、构造、胶结物和胶结类型方面具有较大差异，正是这些差异导致不同岩石的硬度和抗风化能力具有显著的差异，从而影响松散碎屑物质形成的速度和数量。

从年代上讲，地层有老有新，具有时间的概念。对于岩浆岩和变质岩，一般来讲地层年代越古老其受到地质作用的时间越长，越容易形成松散碎屑物质，对于沉积岩，虽然年代古老的岩石容易风化，但太新的地层更容易形成松散碎屑物质，因为新地层的胶结程度和成岩程度较低，如第四纪的地层住往为非固结的堆积物。

②地质构造

地质构造是地层和地块在地壳运动的影响下产生的变形和位移行迹，反映了某种方式的构造运动和构造应力场，地质构造的规模大的上千千米，小的以毫来计，基本的地质构造类型有断裂、褶皱、劈理和片理。这些构造作用均使岩石的完整性、坚固性和稳定性遭到破坏，造成岩石破碎，软弱结构而发育，岩石易于风化，从而使完整的岩层破碎成松散碎屑物。其中断裂构造对岩石的破坏最为严重，断裂的宽度可达数百米，影响宽度可达数十千米，对松散碎屑物质的形成影响最为显著。

③地貌

地貌指地表的起伏形态，正是地表的起伏和重力作用才使岩层会发生崩塌滑坡，从而破坏岩土体的完整性，形成松散碎屑物质。因此，地貌也是影响松散碎屑物质形成的重要因素之一。

④气候

不同的气候条件对岩石的物理风化、化学风化和生物风化均有显著的影响，因此，气候对松散碎屑物质的形成也具有重要的影响。

⑤植被

地表的覆被条件也可以影响坡面表层松散固体物质的生成，在其他条件相同的情况下，植被覆盖较好的地区地表物质累积的速度相对来说要低于裸露地区。

⑥人类活动

人类活动强度也在一定程度上影响着松散碎屑物质的生成，不仅可以通过破坏地表结构改变松散碎屑物质的形成条件，甚至可以直接产生大量的松散碎屑物质，如矿山开采、山区道路修筑等。

2．能量条件

泥石流暴发突然，运动速度快，破坏力巨大，在泥石流形成过程中存在巨大的快速的能量转换，即从较高处静止的松散固体物质蕴藏的势能转化成高速运动的泥石流流体承载的动能。因此，在泥石流形成的过程中必须具备巨大的势能和较大的能量转化梯度。

（1）势能及其影响因素

势能是物体由于具有做功的形势而具有的能，力学中势能有引力势能、重力势能、弹性势能和电势能等，这里的势能为重力势能。物体质量越大、高度越高，其做功的本领就越大，物体具有的重力势能也就越多，因此，在泥石流形成中松散固体物质的势能大小取决于2个要素，一是松散固体物质的质量，三是松散固体物质所处的高度。

松散固体物质的质量受控于松散固体物质的储量，前已述及其受多种要素的影响。松散固体物质的高度并不是其绝对海拔高度，而是相对于某一平面的相对高度。对一个泥石流流域而言，可将流域出口处水平面作为参考平面，流域出口处与流域最高处的高度差，即松散固体物质可能的最大高度。因此，松散固体物质所处的高度主要受控于流域相对高差。

（2）能量转化梯度及其影响因素

泥石流具有较快的运动速度，具有较大的动能，泥石流具有的动能是由势能转化而来的，而势能能否转化成动能以及能量的转化率是多少要取决于能量转化的梯度。高处的松散固体物质在重力作用下沿坡面或沟道向下移动，受到坡面或沟道的阻力，松散固体物质能否发生移动以及移动的加速度是多大就取决于此阻力的大小。此阻力的大小除与坡面或沟道的粗糙度有关外，更重要的是受控于坡面或沟道的坡度。在理论上，坡面或沟道的坡度越大，松散固体物质受到的阻力越小，能量转化梯度越大，越易形成泥石流。

3．激发条件

在一般情况下，坡面或沟道内的松散固体物质在坡面或沟道阻力和自身结构力的作用下可以保持稳定，若要发生移动并形成泥石流，需要外部的激发条件，这个激发条件就是水。随着松散固体物质中含水量的增加，土石体的孔隙水压力不断增加，土石体的强度逐渐降低，同时在水的作用下坡面或沟道的摩擦系数也在减小，导致土石体失稳而形成泥石流。激发泥石流形成的水包括降水、冰川（雪）融水、湖泊和水库等的溃决水等。但是，我国绝大部分泥石流形成的激发水源自降水，因此，这里的只选择降水因素作以介绍。

降水从降水量和降水强度2个方面影响泥石流的形成。降水总量为泥石流的形成提供充足的水源，降水强度使区域内形成强大的地表径流，或较大的孔隙水压力，为泥石流形成提供动力条件，二者共同激发滑坡和泥石流的形成。

（1）降水总量

降水总量由2部分构成，一是前期降水量，二是当次降水量。前期降水量通过据表和地下径流、下渗和植物蒸腾作用损失的部分为损失降水量，激发滑坡泥石流形成后的阵水量为剩余降水量，这2种降水都不参加本次灾害的触发，此，参与本次泥石流灾害形成的降水量仅包括有效前期降水量和有效当次降水但由于将要发生的泥石流灾害的发生时间无法确定，为了保守起见，将当次降大量全部作为当次有效降水量，这样激发泥石流的降水量就成为前期有效降水量的当次降水量的和。

（2）降水强度

降水强度是单位时间内的降水量，通常取10min、1h或24h为时间单位，降水强度在泥石流形成中发挥重要作用。高强度的降水可以在短时间内形成较大的孔隙水压力，也可以形成加大的地表径流，从而激发泥石流的形成。不同国家对降水强度等级的划分具有很大的差异，表6-1是中华人民共和国国家标准《降水量等级》（GB/T20022035-Q—416）中我国降水强度等级划分标准。

表6-1　降水强度等级划分标准

等级	时段	
	12h降水总量/mm	24h降水总量/mm
微量降雨（零星小雨）	<0.1	<0.1
小雨	0.1～4.9	0.1～9.9

等级	时段	
	12h降水总量/mm	24h降水总量/mm
中雨	5.0～14.9	10.0～24.9
大雨	15.0～29.9	25.0～～49.9
暴雨	30.0～69.9	50.0～～99.9
大暴雨	70.0～139.9	100.0～249.9
特大暴雨	≥140.0	≥250.0

6.2.4.2　泥石流空间分布规律

由于泥石流的形成受到物质条件、能量条件和激发条件的控制，因此泥石流的空间分布必然具有一定规律，并在宏观上受到地质条件、地貌条件和气候条件的控制，其基本规律在第二章中已进行分析，但我国不同区域空间分布状况不同，其下垫面情况又有很大的不同，因此有必要按不同区域探讨泥石流在不同下垫面条件下的分布规律。本节以西南地区为例进行分析。

1．西南地区基本概况

西南地区位于青藏高原东侧，总的地势西北高、东南低，起伏大，高差悬殊。根据该地区宏观地貌特点，可以将其划分为几个典型的地貌单元：川西高山高原、横断山区、云贵高原、四川盆地和秦巴山地。

川西高山高原位于研究区西北部，是青藏高原向东突出的一块边缘地带，大致包括诺尔盖高原和岷山山地。诺尔盖高原属于青藏高原的一部分，海拔为2350～3800m，地势起伏非常小；岷山山地平均海拔超过4000m，相对高差大，有少量现代冰川发育。横断山区长约900km，东西最宽处700km，平均海拔为4000～5000m，岭谷相同，山高谷深。四川盆地四周山地环地，盆地形态完整。盆地周边山区地形陡峻，盆地西部的成都平原地势平坦，盆地中部为丘陵区，相对起伏不大，盆地懂不平行岭谷或低山丘陵分布，海拔为700～1000m。云贵高原崎岖破碎，除滇中、滇东和黔西北尚保存着起伏较为平缓的高原面以外，大部分地区被长江及其支流分割成支离破碎、坎坷不平的地表，河流下切，溯源侵蚀强烈。秦巴山地包括秦岭和大巴山，秦岭山地海拔多为2000～3000m，大巴山等山地海拔1000～2000m，山体受河流切割，多峡谷，谷坡陡峭。

西南地区地跨我国地貌的第一阶梯和第二阶梯，地质构造极其复杂，新构的运动强烈，地震活动频繁，是世界上地质构造运动最为活跃的区域之一。其中，青藏高原区主要受西域系和"歹"字型构造体系控制，云贵高原和四川盆地主要受新华夏系构造体系控制，秦巴山地主要受经向构造体系控制，横断山区受"歹"字型构造和经向构造体系控制。

西南地区由于受印度洋与太平洋气流影响，东南季风和西南季风为区内大部分地区带来了丰沛的降水，但干湿季分明，多数地区5～10月集中了全年80%以上的降水。因受季风影响程度和大地形作用的不同，使区内降水亦有明显差异。云贵高原、四川盆地和秦巴山地区属亚热带季风气候区，大部分地区多年平均降水量为1000mm左右。总体上是东部降水多于西部。滇西南地区山脉和河流走向皆为南北向，从印度洋来的暖湿气流沿江而上，形成水汽通道，大部分区域降水异常丰富，多年平均降水量可高达1500～2800mm，是西南地区最湿润的地段。

2．西南地区泥石流分布

由于受地貌、地质和降水条件以及人类活动的影响，区内泥石流发育，分布广泛。目前，区内已有记录的泥石流沟7651条，分布具有以下特点。

（1）在大地貌单元过渡带内集中分布

大地貌单元过渡带上往往地质构造活跃，地形起伏大，起伏的地形造成较大高差：为泥石流的发育提供了良好的条件。青藏高原向云贵高原和四川盆地过渡地区以及四川盆周山地均为大的地貌单元过渡带，泥石流均密集分布。

（2）在河流切割强烈、相对高差大的地区集中分布

河流切割强烈的地区往往地壳隆升强烈，地质构造活跃，地形相对高差大，地势陡峻，具备泥石流发育的有利条件，泥石流往往在这些地区集中分布，例如，横断山地及其沿经向构造发育的滇西南诸河以及雅砻江、安宁河、大渡河等河流，金沙江下游地区、岷江上游地区、嘉陵江上游、白龙江流域等。

（3）在断裂带和地震带集中分布

断裂带皆为地质构造活跃的地带，新构造运动强烈，地震活动频繁，地震带多与大的断裂带重合。这些地带往往岩层破碎，山坡稳定性差，河流沿断裂带切割强烈，形成陡峻的地形，为泥石流的发育提供了十分优越的条件，是泥石流分布最为密集的地带。地震活动往往诱发大规模的滑坡，在地震后较长的一段时间内，泥石流活动仍处于活跃期。

（4）在降水丰沛和暴雨多发的地区集中分布

高强度降水是泥石流的主要激发因素，因此，降水丰沛和暴雨多发的山区泥石流都很发育。长江上游的攀西地区、龙门山东部、四川盆地北部东部等都是降水丰沛的地区，年降水量一般超过1200mm，且降雨强度大，多为暴雨，皆为长江上游泥石流集中分布的地区。滇西南的大盈江流域多年平均降水量为1345～2023mm，是滇西南暴雨多发区，也是滇西南泥石流密集分布的典型流域。

（5）泥石流分布具有非地带性特点

泥石流的分布既不随纬度变化而变化，也不随垂直高度变化而不同，其分布呈现非地带性特点。泥石流的分布只受地形、地质和降水条件的控制，无论在什么纬度带和高度带，只要具备泥石流发育的条件都会有泥石流的分布。

3．影响泥石流形成的主要地面因素

泥石流形成必须具备3个条件：能量条件、物质条件和水源条件。因为水源条件主要是降水，不属于地表条件，这里不作论述，仅对由地这的能量条件和物质条件进行论述，分别选择这两个条件中影响泥石流形成的主要因素。

（1）能量条件中的主要因素

能量条件主要是其地形条件，主要从2个方面影响泥石流的发育，一是地形相对高差，二是地形坡度。相对高差为泥石流发育提供势能条件，流域上游松散固体物质必须具有一定的势能才能在泥石流启动后具有较大的速度，运动较远的距离。坡度为泥石流形成和运动提供能量转化梯度，是泥石流能否启动和保持运动的关键条件。因此，相对高差和坡度是能量条中决定泥石流能否发生的关键因素。

（2）物质条件中的主要因素

松散物质是泥石流形成的物质基础，是否具有足够的松散碎屑物质决定了能否形成泥石流，具有足够量的松散碎屑物质后，其丰富程度是影响临界降水激发条件的重要因素，因此，可供泥石流形成的松散碎屑物质储量是决定泥石流能否形成的关键因素。然而，对较大区域内众多的地块单元来说，准确地获取每个地块单元内可供泥石流形成的松散碎屑物质储量则是十分困难的事情。虽然无法准确地获取每个地块单元内可供泥石流形成的松散碎屑物质储量，但可以通过对每个地块单元内影响松散碎屑物质形成的因素进行分析，对松散碎屑物质的生成条件进行评估，从而对每个地块单元的松散碎屑物质条件做出合理的评估。

地质条件是影响泥石流发育的松散固体物质条件的主导因素，其中，地质构造和地层是影响松散固体物质形成的直接因素。地质构造直接影响岩层的完整性，影响松散固体物质的形成，其中的断层更是直接破坏岩层的完整性，使岩层松散破碎，为松散固体物质的形成提供良好的条件，并且断层的发育是地质构造活动的直接表现，因此，断层是影响泥石流形成松散碎屑物质条件的重要因素之一。地层反映了岩层形成的时代和岩性特征，影响岩层的易风化程度和抗侵蚀程度，是影响松散固体物质形成的又一重要因素。断层和地层因素是影响松散固体物质的相对独立的2个重要因素，二者之间不存在明显的关联。因此，2个因素都应选择为影响泥石流形成的物质条件的重要因素。

地表的覆被条件也可以影响坡面表层松散固体物质的生成，在其他条件相同的情况下，植被覆盖较好区域地表物质累积的速度相对来说要低于裸地区域。人类活动强度也在一定程度上影响着松散碎屑物质条件的生成，不仅可以通过破坏地表结构改变松散碎屑物质的形成条件，甚至可以直接产生大量的松散碎屑物质，如矿山开采、山区道路修筑等。利用植被分布图可以直接反映植被条件状况，但很难利用一个指标来综合反映人类活动强度对松散碎屑物质生成的影响。土地利用状况既反映了地表的植被覆盖条件，又反映了人类对不同土地的利用方式，同样地反映了人类活动对地表结构的破坏情况。因此，可以选择土地利用状况来综合反映植被条件

和人类活动等外部因素对坡体松散碎屑物质生成条件的影响，作为一个能确定泥石流形成的物质条件的一个重要因素，并且可以比较容易地根据土地利用图来对此做出较准确的评估。

根据前面的分析，影响泥石流形成的主要地面因素包括地形相对高差、地形坡度、地层、断层、土地利用状况，这些地面因素共同决定了在一定的降水条件下能否发生泥石流，或在什么样的降水条件下就可以发生泥石流，是泥石流灾害评估或预报中必须考虑的因素。

6.2.4.2.4　各因素与泥石流的关系

每个影响泥石流形成的因素都有许多不同的状态，不同的因素状态对泥石流的形成具有不同程度的影响。通过分析各因素与泥石流的之间统计关系，确定泥石流在不同条件下形成的概率，为泥石流预报提供地面条件的定量评估。

通过利用GIS工具、遥感数据，并结合统计分析方法，可初步得出各因素与泥石流的的关系。

（1）相对高差与泥石流沟数量呈现单偏峰分布，即随着相对高差的增大，区域内发育泥石流沟数量增多，泥石流沟密度（泥石流沟数量与某一相对高差地形所占面积）随着相对高差的增大而增大，到2000m时达到最大，随后减小。这说明相对高差达到2000m以后，地形变得越陡峻，不利于松散物质的积累，不利于泥石流的形成。

（2）泥石流沟在不同地层中出现的概率表现为：随着地层岩性坚硬程度的降低（易风化程度的增强）而增大，也即反映了软弱岩层更容易发育泥石流灾害。其中，第四季松散地层对泥石流发育影响最明显。

（3）泥石流沟在不同断层密度中分布的数量规律性不强，整体趋势上泥石流沟出现的概率随着断层密度的增大而增大，但当断层密度大于0.04km/km^{2}后，泥石流沟出现的概率随着断层密度的增大而减小。

（4）土地利用与泥石流沟的关系表现在：泥石流沟在土地利用指数（各类土地利用类型及相应权重相乘的总和）中的分布频率在整体上随土地利用指数的增大而增大，反映了土地利用指数越大，越有利于泥石流的发育。

6.2.4.3　成因预报模型

泥石流成因预报是一种评估性预报，一种概率预报，即根据不同降水与下垫面的相互作用评估预报区域泥石流发生的概率大小。将这种概率分成若干等级，构成若干概率区间，最终预报结果概率等级用P_L表示，E为能量条件，M为物质条件，R为激发条件，则泥石流成因预报的概念模型可以用式6-15表示。

$$P_L = f(E, M, R) \tag{6-15}$$

该模型的特点在于，将泥石流形成的3大成因紧密地结合在一起，能量条件（E）和物质条件（M）代表了下垫面条件，激发条件（R）可以代表降水情况（因为我国绝大部分泥石流是由降水激发的），这样便构成了基于雨-地耦合的泥石流预报概念模型。在这个模型中将以往固定临界降水量概念离散于整个区域中，随着空间位置的变化、下垫面不同、降水持续时间和最大降水强度不同而变化，更能真实评价研究区域内某处可能的降水过程作用下泥石流发生的可能性大小。

具体可选择可拓模型作为区域泥石流预报应用模型，建立泥石流可拓预报模型。选择可拓模型主要有以下4点考虑。

（1）可拓模型中不涉及复杂的积分、微分等数学运算，在目前GIS数学运算能力有限的条件下，为模型计算过程集成到GIS系统中提供了便利，具有实用性。

（2）泥石流的孕育环境可以认为是一个质和量的统一体，其中各因素量变和质变是紧密联系而又互相制约的，量变达到一定的限度就会发生质的变化，最终导致泥石流暴发的质变过程。对于这类问题一般的数学模型仅仅从量的方面考虑问题，而可拓模型则将事物的性质、特征和特征的度量值综合到一起，将质变和量变完美地结合到模型中去，通过质变与量变的联系讨论问题，将泥石流发生和不发生的矛盾问题结合到模型中，非常适合用来处理泥石流预报的问题。

（3）模型具有模糊性质，一方面泥石流预报使用的各种环境背景因子很难精确地定量，多少总存在一些误差和不确定性；另一方面泥石流概率预报结果本身也具有模糊性，而可拓模型的模糊性能够很好地兼容这些问题。

（4）模型本身是从事物所具有的特征入手分析问题，这与从决定泥石流发生的各因素入手分析泥石流发生的问题有异曲同工之妙。因此，可以将导致泥石流发生的几个方面的因素直接作为可拓模型中的一个"特征"对待，减少中间环节。

6.2.5　机理预报

基于泥石流形成机理的预报是泥石流预报的最佳模式，然而，由于目前泥石流形成机理的研究尚未取得实质性突破，导致泥石流机理预报也无有效的进展。随着泥石流形成机理研究的不断深入，目前一些研究成果已可以应用于泥石流预报，但仍存在制约其有效应用的瓶颈。本节重点分析泥石流机理预报的途径和瓶颈。

6.2.5.1　泥石流机理预报的途径

根据泥石流形成的方式，可将泥石流形成分为土力类泥石流和水力类泥石流。土力类泥石流的形成主要是重力作用导致的失稳土体与地表径流融合后形成的；水力类泥石流的形成主要是沟床物质在地表径流作用下起动并与地表径流融合而形成的。

土力类泥石流形成过程中的土体失稳一般是在降水作用下入渗到土体里的水分改变了土体特征而引发的，与流域内的水文过程密切相关。同时，无论是土力类泥石流的失稳土体与地表径流融合还是水力类泥石流的沟床物质启动并与地表径流融合均与降水作用下的流域水文过程密切相关。也就是说，在形式上是降水引发了泥石流的形成，但实际上是降落在流域内的雨水通过土体入渗、地表径流和地下径流等水文过程影响了坡面土体和沟床物质的稳定性，并最终在地表径流的作用下形成泥石流。

因此，泥石流机理预报的重要途径是利用降水数据进行水文过程模拟，模拟降水作用下流域水文变化的过程，评估土体和沟床物质的稳定性，进而评估失稳土体和起动的沟床物质与地表径流融合形成泥石流的可能性。在实际的泥石流形成中，除了土力类和水力类，还存在着土力和水力混合的类型。

水通过渗流进入土体——水的作用下土体强度发生变化——评估土体的稳定性——计算失稳土体的量——失稳土体与降水产生的地表径流融合——形成土力类泥石流；降水在地表产流和汇流作用下形成地表径流——评估在地表径流水力作用下沟床物质稳定性——计算起动的沟床物质量——起动的沟床物质与地表径流融合——形成水力类泥石流；如果在一个流域内既有坡面失稳土体与地表径流的融合，又有起动的沟床物质与地表径流融合，则形成混合类泥石流。

根据这些泥石流形成过程，可以利用降水预报——水文过程模拟——坡面失稳土体量计算（沟床物质起动量计算）——失稳土体与地表径流融合（起动的沟床物质与地表径流融合）的途径进行泥石流机理预报。

（1）降水预报提供流域内可能发生的降水，为泥石流预报提供输入量。

（2）水文过程模拟贯穿泥石流预报始终，模拟在降水作用下的土体含水量变化和地表径流变化，为土力和水力计算提供基础。

（3）坡面失稳土体量计算在评估降水作用下坡面土体稳定性的基础上计算失稳土体量，为评估土力类泥石流的形成提供固体物质基础。

（4）沟床物质起动量计算在评估地表径流水力作用下沟床物质稳定性的基础上计算起动的沟床物质量，为评估水力类泥石流的形成提供固体物质基础。

（5）失稳土体或起动的沟床物质与地表径流融合成一种水、土、石的混合体，这个混合体的性质决定了形成的是泥石流还是高含沙洪水。

6.2.5.2 泥石流机理预报的瓶颈

泥石流一般在流域的中上游形成，然后向下游运动，运动过程中可能继续增大规模，也可能停歇，甚至停止。因此，无论是泥石流的形成还是运动都是在一个流域活动，也就是说泥石流预极的单元应当是一个流域。然而，自然界中流域有大有小，大可以大到长江、黄河这样的巨大流域，小可以小到一个微小的切沟，流场积可以相差上亿倍。那么，应如何确定这个"流域"单元呢？既无法校流壑级别分。也无法简单地按流域面积大小确定，这就形成了泥石流机理预报的第一个瓶颈。

同时，目前对泥石流形成机理的理论研究绝大多数是以一个点或者土（流）体单元为基础的力学模型，尚没有以流域为基础的力学模型。也就是说，目前分泥石流形成机理的研究尺度还处于点尺度或者土（流）体单元尺度，缺乏流城尺度的研究。在某个点或者土（流）体单元上满足了泥石流形成的力学条件，但不一定代表在其他点或者土（流）体单元上满足泥石流形成的力学条件，更无法确定能在流域尺度上形成泥石流。这就形成了泥石流机理预报的第2个瓶颈。

6.2.5.3　泥石流机理预报瓶颈的突破

这2个瓶颈的存在使泥石流机理预报研究长期停滞，使泥石流预报停留在对单元网格或者一定面积区域的统计分析预报或成因分析预报，一直无法实现基于机理的预报。为了实现机理预报，研究人员对这2个制约泥石流机理预报的瓶颈进行了探索，试图突破其制约。

1．泥石流流域单元的确定

（1）泥石流沟的确定方法

凡是发生过泥石流这一事件的沟（坡）或具备了形成泥石流这一事件的沟（坡），都应认定为泥石流沟（坡）（钟敦伦等，2004）。但是如何确定一条沟是不是泥石流沟呢？诸多学者进行了大量的研究。对于有泥石流活动痕迹和历史资料的沟谷很容易判别，唐邦兴等（1994）认为这2个条件是确定泥石流沟的充分条件，一条沟谷只要具备其中之一，就可判为泥石流沟谷。但对于缺少这2个条件的沟谷，学者大多从泥石流形成的3大条件（地形条件、物质条件和水源条件）进行判识，总结诸多学者的研究，可以将泥石流沟的确定方法归纳为如下6种。

①判别因素分析法

吕儒仁（1985）提出了采用气候、水文特征，流域形态特征，地质与地震和泥石流堆积特征4个一级直接因素，地区年降水量、突发水源、地区年（平）均（气）温，流域面积、海拔、高差、沟床平均比降与山坡坡度，构造与岩性、地震震级、固体物质储量与不良地质现象，以及高密度黏性泥石流堆积特征和稀性泥石流或水石流堆积特征等12个二级直接因素：水上流失和人类经济活动2个间接因素判别泥石流的方法，蒋忠信（1994）以成昆铁路140条沟谷为样本，优选年最大24h降水量多年平均值，沟谷纵剖面形态指数、单检流域面积内松散固体物质动储量、岩性、断裂长度和流城林地率6个可室内作业的指标，建立了暴雨泥石流沟的简易判别方法，正确率达82%。陈宁生等（2009）提出用流域单位面积的松散固体物质方量来判识泥石流沟，调查西部山区的50条泥石流沟，提出以$0.1m^3/m^2$的松散固体物质量作为泥石流沟的判别指标，以$2m^3/m^2$的松散固体物质量作为黏性泥石流沟的判别指标，从而进行汶川地震灾区泥石流沟应急判识。

②严重程度数量化综合评判法

谭炳炎（1986）提出采用地貌因素、河沟因素、地质因素3个一级因素；流域面积、相对高差、山坡坡度、植被、河沟扇形地貌、产沙区主沟横断面特征、纵断面特征、沟内冲淤变化、堵塞情况、泥沙补给段长度比、岩石类型、构造特征、不良地质现象、产沙区覆盖平均厚度、松散物储量15个二级因素；27个三级因素和30个四级因素；对人类经济活动特别强烈的沟谷施加附加分的方法，对泥石流沟谷的严重程度进行评判。评判结果分为四级：严重、中等、轻度、没有。实际上评判中的轻度和没有的界限，就是泥石流沟和非泥石流沟之间的界限，严格说来，这已不是判别泥石流沟严重程度的界线。朱静（1995）以云南泥石流形成环境的区域调查为基础，提出了以11项因素作为泥石流沟判别与危险度评价预测的背景参数，依据关联性序列分析确定了因素的权重分配，应用数量化理论建立了泥石流沟判别模式和危险度评价预测的计算方法。应用结果表明该法可靠、简便和实用，适用暴雨类泥石流沟判定与危险度的评价预测。庄建琦等（2009）选择流域面积、主沟长度、相对高差、沟床比降、平均坡度、相对切割程度、圆状率和侵蚀程度8个指标，构建SOM神经网络模型，对金沙江流域溪洛渡库区泥石流沟进行了判识。

③识别要素临界值判别法

韦方强（1994）在前人工作的基础上，通过系统工程原理分析泥石流系统后，提出了通过泥石流系统的相对高度与沟床比降、岩性、最大24h降水量等识别要素的临界值判别泥石流沟（坡）的方法。

④流域特征与泥石流要素临界值对比判别法

王礼先和于志民（2001）提出从地质特征、地貌特征，沟谷形态、固体物质储备量、冲淤堵塞情况、沉积物形状、沉积物组成、沉积物容重、泥浆稠度等9个要素的特征或临界值进行泥石流沟的判别。

⑤形成条件和活动产物分析与活动史访问判别法

中国科学院成都地灾害与环境研究所（1989）通过大量区域性泥石流考察有半定位观测资料分析认为，要判别一条（处）沟（坡）是否是泥石流沟（坡），可从3个方面入手：一是该沟（坡）是否具备泥石流形成条件，二是该沟（坡）是否有泥石流活动的产物，三是该沟（坡）是否有泥石流活动史，并据此提出了地质、地貌分析，沉积物、泥痕分析和泥石流活动史访问的泥石流沟（坡）判别方法。

⑥遥感图像解译法

随着遥感技术的发展，应用遥感技术判识泥石流沟谷的方法也获得迅速的发展，无论是采用航片解译泥石流沟，还是应用卫星图像解译泥石流沟都取得了一定的进展。何易平等（2000）、乔彦肖等（2004）、杨武年等（2005）先后用Landsat.TM、SPOT、QuickBird、ERS-SAR和RADARSAT、CBERS02B等遥感影像，根据泥石流形成区、流通区、堆积区的特征建立解译标志，从而进行泥石流沟的判译。但泥石流沟（坡）以小流域或坡面为主要对象，判识难度较大。近年来，随着高时间分辨率、高光谱分辨率、高空间分辨率遥感技术的发展，遥感影像在泥石流领域的应用也越来越广，尤其是2008年"5·12"汶川地震后，多家科研院所与高校对利用遥感影像进行了滑坡泥石流等次生地质灾害调查解译与应急评估。

（2）泥石流流域单元的确定

通过对上述各种方法的分析比较发现，随着人们对泥石流认识、研究的不断深入，泥石流沟判译方法从简单的分类方法发展到复杂的综合评判方法、从定性判识发展到定性与定量相结合的判识、从野外调查发展到野外考察与室内解译相结合的判识。然而，除了对具有泥石流发生痕迹或泥石流活动历史资料的沟谷易于识别外，对其他沟谷的识别均较为复杂，难以对自然界中存在的大量沟谷实施识别。这也就是目前政府部门已经确定了大量的地质灾害隐患点并进行监测，而每年都在出现新的地质灾害点的原因。这些已明确的泥石流流域是泥石流预报的当然流域单元，但大量存在的未被人们所认识的可能发生泥石流的潜势泥石流流域也是泥石流预报的流域单元。因此，对这些潜势的泥石流流域进行识别就更为重要。

钟敦伦等（2004）认为泥石流是一种动力地貌（或地质）现象（或过程），地貌条件是形成泥石流的内因和必要条件，为泥石流提供能量和活动场所（能量接换条件），与泥石流暴发密切相关，制约着泥石流的形成和运动，影响着泥石流的规模和特性，在泥石流形成的3个基本条件中，地貌条件是相对稳定的，其变化是缓慢的，同时，它在泥石流活动过程中也进行着再塑造作用。从这种意义上讲，能量条件是泥石流形成的根本条件，并且在一个确定的流域内也是相对稳定的一个条件，物质条件和激发条件均是动态变化的条件。因此，只要一个流域具备了泥石流形成的能量条件，就可以认为其为潜势的泥石流流域，就成为泥石流预报的一个流域单元。对于一个潜势的泥石流流域，只要在物质条件和激发条件动态变化到可以形成泥石流时就会有泥石流发生，这也正是泥石流预报的任务。

泥石流形成的能量条件包括总能量和能量转化梯度，反映到地貌上就是相对高差和坡度，对于等面积的网格单元，二者存在显著的相关性，但是，对于不同的流域单元这种相关性就变得较弱了。然而，在泥石流流域单元中相对高差与流域面积却存在显著的相关性。在理论上，对于流域面积相等的流域，相对高差越大的流域其坡度一般也相对越大，越有利于泥石流的形成，反之亦然；对于相对高差相等的流域，流域面积越小的流域其坡度一般越大，越有利于泥石流的形成，反之亦然。因此，流域相对高差和流域面积基本控制了流域的能量条件。可以根据流域的相对高差和流域面积间的关系寻找识别潜势泥石流流域的方法。为此，通过对四川省已查明的3177条泥石流沟的流域面积与相对高差进行统计分析发现，绝大部分点有规律地集中分布，随着流域面积的增大，流域相对高度有增大的趋势，其趋势线表达式为：

$$y=805.4x^{0.2515} \tag{6-16}$$

式中，y为流域相对高度（m）；x为流域面积（m^2）；趋势线相关系数$R=0.473$。

根据已查明泥石流流域面积、相对高度关系图，建立一条包络线，使得尽可能多的已有泥石流流域面积、相对高度散点图位于该包络线上方，同时，减少包络线与趋势线之间的距离，根据这一思路，建立包络线表达式为：

$$\ln(y)=3.485+0.2515x\ln(x) \quad x\in(0.1, 300) \tag{6-17}$$

式中，y为流域相对高度（m）；x为流域面积（m^2）；进而得到基于流域面积和相对高度的潜势泥石流流域判识模型。

如果$\ln(y)-3.485-0.2515x\ln(x)>0$，则该泥石流沟具备泥石流发生所需的能量条件，判定为潜势泥石流流域。其中，y为流域相对高度，x为流域面积，取值范围为$x\in(0.1,300)$。

利用这种方法判识出来的潜势泥石流流域，是指满足泥石流发生所需能量条件的泥石流流域，既包括已认识的泥石流的流域也包括尚未被认识的泥石流流域，这些流域均为泥石流预报的流域单元。

2. 点尺度与流域尺度的融合

无论是土力类泥石流还是水力类泥石流，利用力学分析方法判断坡面土体或沟床物质能否起动形成泥石流，目前多局限于点尺度，最多扩展到坡或者局部沟道段的尺度。然而，在这个尺度上达到了泥石流起动的力学条件，仅能说明在这个尺度上所计算的点或坡或局部沟段具备了泥石流形成的条件，但在流域尺度上是否具备了发生泥石流的条件却无法判断，这就需要解决2种尺度融合的问题。

泥石流是由泥石流流域内失稳的土体（坡体物质或沟道物质）与地表径流混合而形成的一种水土混合体，这种水土混合体一般具有较高的容重。泥石流的容重的上限范围一般在1100kg/m（泥流）至1300kg/m（泥石流），下限范围一般在1800kg/m（泥流）至2300kg/m（泥石流）（中国科学院成都山地灾害与环境研究所，1989），在云南蒋家沟观测到的泥石流最大容重达到2300kg/m（张军和熊刚，1997）。较高的容重是泥石流区别于一般洪水的最明显的特征，如果流域内仅有少量的土体失稳，与较大的地表径流混合后其容重仅会比水的容重略大，如果流域内有较多的土体失稳，与地表径流混合后其容重会显著提高。因此，如果能够计算出这种混合体的容重，那么根据水土混合体的容重大小便可以判断在流域尺度上泥石流能否形成。

在理论上，可以计算流域内的任何一点的土体稳定性，并计算出失稳土体的量，并与水文模型计算出的地表径流混合，获得较为准确的水土混合体容重，从而为泥石流预报提供判据。然而，事实上流域内失稳的土体不一定都会参与到泥石流中，哪些失稳土体参与了泥石流，哪些没有参与，均是难以准确计算的，并且失稳土体量的计算本身也存在一定的误差。因此，准确的水土混合体容重是难以获得的。

为了解决这一问题，在实际应用中可对其进行适当的简化。假设流域内所有的失稳土体均参与了泥石流，并且与流域的所有径流总量进行了混合，那么可以根据计算所得的失稳土体体积总量（W_s）和水文模型模拟的地表径流体积总量（W_w）计算水土混合体的容重（ρ）。

$$\rho=\frac{\rho_w W_w+\rho_s W_s}{W_w+W_s} \tag{6-18}$$

式中，ρ_w为水的容重；ρ_s为土体的容重。

显然，这个容重不是水土混合体的真实容重，但它却反映了在一个流域内形成泥石流的一种趋势，即计算所得的水土混合体的容重越高，在某一流域形成泥石流的可能性就越大，反之在某一流域形成泥石流的可能性就越小。据此，可以评估在某降水作用下一个流域内形成泥石流的概率范围，从而确定预警的等级。对于一个确定的流域，且这个流域具有丰富的观测资料，可以根据观测资料率定对应不同预警等级的水土混合体容重的变化范围。但是，对于区域泥石流预报，无法根据观测资料来率定各预警等级的水土混合体容重的变化范围。根据康志成等（2004）的研究，自然界中泥石流的容重的变化区间为1.1~2.3t/m。如果将这一区间划分成为一系列的参考区间（表7-2），那么泥石流发生概率从一级至五级逐级增加，同时根据变化区间定义出泥石流的预警等级。可以认为水土混合体的容重小于$1.2t/m^3$时，泥石流发生的概率很好，无需预警，当水土混合体容重逐步增加时，可以分别发出蓝色预警、黄色预警、橙色预警和红色预警。

表7-2 泥石流形成的概率与其对应的水土混合物容重

标准泥石流容重 t/m³	$\rho<1.2$	$\rho=1.2\sim1.5$	$\rho=1.5\sim1.8$	$\rho=1.8\sim2.0$	$\rho=2.0\sim2.3$
泥石流形成概率/%	0~~20	20~40	40~60	60~80	80~100
预警等级	一级	二级	三级	四级	五级
预警颜色	无	蓝色	黄色	橙色	红色

当然，这个预警区间的划分并没有理论基础，也缺少统计依据，仅是根据自然界中的泥石流容重变化范围给出的近乎等区间的划分方法，有待进行进一步的研究。

需要说明的是，利用水土混合体的容重对泥石流起动力学分析的点尺度与泥石流形成的流域尺度间的融合进行了初步的探索，试图将力学分析的不稳定的土体与流域的径流进行融合，利用水土混合体的容重变化来评估泥石流形成的可能性，从而进行泥石流预报，这仅是一种初步的尝试，是否突破了这一瓶颈？是否有效？均需要实践的检验。

6.3 泥石流警报

泥石流警报是流域上游泥石流暴发后，通过仪器或人工监测泥石流暴发及其特征的信息，做出泥石流可能到达重灾区的时间、规模和危害的判断。

泥石流警报方法主要有泥位法、地声法、视频监测和次声法等。泥位法能同时对泥石流的发生和规模进行警报，布设断面的选择直接影响着泥位法的有效性、实用性和长期性。地声法通过捕捉地层传播而来的泥石流与沟道作用所产生的振动波判识并警报，对传感器的埋设要求很高。视频监测的最大优势是能实时掌握灾害发展的图像信息，与泥位法、地声法相同，视频监测通过将设备安装在流通区以上来获得足够的警报提前量,设备极易受损。次声法是通过捕捉空气传播而来的泥石流次声波实现警报,属于非接触式,由于次声速度约为340m/s,远大于泥石流运动速度,能获得足够长的警报提前量,同时次声穿透能力强,仪器可置于室内,设备不易受损,是目前国内外泥石流警报采取的主要方式之一。

6.3.1 泥石流次声的产生机理

国内外对泥石流次声产生机理的研究较少。由于泥石流运动机理尚无定论,泥石流固相、液相物质的运动规律还无法准确描述,泥石流次声的形成机理也处在探索阶段。很多自然灾害都会引起大气对流层空气压力的变化,进而形成声波。对于地震灾害而言,横波和纵波会引起地表振动,扰动空气形成声波。地表的位移场即空气波动方程的边界条件,可通过很多成熟的模型求解,如YoshimitsuOkada及Steketee的断裂位错模型,而各模型中最简单的就是给地质体施加水平和垂直加速度,在地表位移场求解后,求解波动方程即可得到声波对泥石流而言,液相的运动、固相的运动以及沟岸的振动都会扰动空气形成声波,3者共同构成空气波动方程的边界条件:①求解固液相的运动有赖于成熟的泥石流运动力学模型。现有的泥石流运动力学模型包括单流体模型、多流体模型和混合介质模型等。单流体模型仅适用于固液相速度相近的泥石流;多流体模型尚未确定浆体的上限粒径和固液相相互作用力;混合介质模型虽最能反映泥石流的物理本质,但面临的理论和计算问题也最多,总之,目前尚没有成熟的运动力学模型能求解较为真实的泥石流运动。②求解泥石流沟岸的振动则应从泥石流固液相物质对沟道的作用出发,包括液相的剪切力、固相的碰撞与摩擦力等,同样有赖于成熟的泥石流运动力学模型,另外还需考虑沟道的岩土性质、节理裂隙、含水率等。

受泥石流运动机理和野外次声观测研究的限制,目前对泥石流次声机理的理论分析和数值计算存在难度。在此情况下,开展泥石流次声模型和模拟实验不失为一种有效的解决方法。依据运动力学模型求解泥石流运动的思路,通过分析泥石流内部作用力和特性,再参考观测研究成果并借鉴地声、地震次声波的研究成果,综合确定次声波产生的影响因素,包括浆体性质、固体颗粒级配、容重、泥石流类型与性质、流速、流量等,实验研究可对各影响因素进行宏观分析。周铭通过模拟实验的方法研究了砾石型泥石流、一般型泥石流和泥流型泥石流次声信号特征的差异,取得了初步进展。

表6-2 不同类型泥石流的次声特性

泥石流性质	主频范围/Hz	振幅特征	粒组的影响	分析结论
砾石型	3～11	最大	增加大石头含量主要频率向低频移动,增加小石头含量20Hz处能量增加	大石头对频率的贡献主要体现在相对低频部分,小石头对频率的贡献主要体现在相对高频部分

续表

泥石流性质	主频范围/Hz	振幅特征	粒组的影响	分析结论
一般型	1~5,3~11	较砾石型泥石流为小		微细颗粒含量增加，石块的比例相对减小，使石块之间碰撞阻尼有所增加
泥流型	1~4	最小	加入一定量的小石头后，20Hz频率再次出现	小石头对频率的贡献主要体现在相对高频部分

6.3.2　泥石流次声信号的采集与分析

泥石流次声信号一般都是通过次声警报器，即次声监测仪获得。章书成等对云南东川蒋家沟泥石流进行观测时，在国内首先发现泥石流的次声现象，并开发了国内第一台泥石流次声警报器。警报器由传感器、主机、电源3个部分组成，传感器多为驻极体电容传感器，将声压转换为电压信号，主机多为单片机控制的数据采集、存储、信号处理和分析系统，电源多为交流电源和太阳能供电，具备数据采集、存储、分析和报警功能。

早期泥石流报警器如泥石流警报（DebrisFlowWarning，DFW）系列，采用芯片储存数据，容量小，只能存储270h的数据，采用可充电电池作为交流电的备用电源实现续航，续航能力有限，仅10h，且体积较大，使用起来不方便。后来开发的警报器采用了16GB的SD卡存储数据，可记录长达4个月的监测数据；在降低工作能耗的同时，采用太阳能供电，可以在野外使用，也提升了续航能力；该仪器的信号处理、识别和报警等工作在内置的单片机上进行，实现了在监测点的即时警报，提高了仪器的实时性。

在信号采集方面，各类警报器的采样频率以100Hz为主，传感器灵敏度以50mV/Pa为主。传感器灵敏度对次声信号的识别与泥石流分级预报尤为重要，从声波能量的角度而言，对于小规模的泥石流，只有足够高的灵敏度才能将泥石流信号和背景噪声区分开来，而要通过信号的振幅区分出不同规模的泥石流，需要足够高的灵敏度。一方面，可使用性能更好的传感器，另一方面则可通过放大信号来提高灵敏度，如Schimmel等采用了ChaparralM24传感器，其灵敏度达到了2V/Pa，而对于灵敏度只有50mV/Pa的MK-224传感器则通过放大信号将灵敏度提高到了400mV/Pa。

次声信号分析方法时频分析是泥石流次声信号分析的关键。时频分析主要采用短时傅里叶变换（Short-TimeFourierTransform，STFT）、小波变换（WaveletTransform，CWT）、Wigner-Ville分布（Wigners-VilleDistribution，WVD）、希尔伯特黄变换（HilbertHuangTransform，HHT）等方法。时频分辨率是衡量时频分析方法优劣和时频聚集性能的重要指标，进行时频分析的首要任务就是寻找具有较高时频分辨率的时频分析方法。Kogelnig等在阿尔卑斯山区的山洪、泥石流研究中采用了STFT，

Hübl等在蒋家沟泥石流次声研究中采用了SWF和STFT，周宪德等在台湾火炎山水石流的研究中采用了HHT，李梅等在开发基于GPRS通信的泥石流次声监测系统中也采用了HHT。但野外次声信号监测中并不能对各时频分析方法进行比较。

许文杰等在分析各种变换优缺点的基础上，进行了仿真比较。在仿真过程中，STFT提高了频率分辨率，造成时间分辨率下降；WVD方法分析结果产生了明显的交叉项，信号被严重干扰；从HHT结果可以清晰地看出信号在各时间点的频率变化情况，且不存在交叉项。综合分析发现，HHT对次声波信号的分析效果较好。

6.3.3　泥石流次声的特征

泥石流次声特征是泥石流发生与否、性质、规模等警报的判别依据，是警报的基础性研究内容。通过研究，一方面明确泥石流次声区别于其他自然现象的特征；另一方面能揭示不同类型和规模泥石流的次声特征，以及不同因素对泥石流次声的影响。现有的各种次声监测表明：泥石流次声在时域、频域和时频域都有其鲜明的特征，可通过特征将其识别出来。自章书成等发现泥石流的次声现象并应用于警报后，国内外许多学者对泥石流次声特征做了大量的基础研究，研究表明泥石流声波声压最低可到0.16Pa，最高可到11.4Pa以上，持续时间在十几分钟到数十分钟不等；次声频率范围为3～15Hz，可存在1～3个尖峰频率。研究发现山洪的次声峰值频率高于泥石流，水石流的峰值频率高于泥石流，稀性泥石流峰值频率高于黏性泥石流；在同一次泥石流中，SBO部分的频谱范围和能量均高于SON和STA。

现有的泥石流次声特征研究多集中于次声波的本身，次声监测未能与泥石流形成、运动过程及要素同步观测，次声数据无法与泥石流形成的降雨雨强、性质、流速、流量等要素紧密结合，未能建立精确、可靠的数值关系，次声特征研究尚处于定性和半定量描述阶段。

6.3.4　泥石流次声警报的实现

泥石流次声警报是通过泥石流次声信号采集、分析、特征识别和定位来实现的。警报内容包括：泥石流的发生与否、类型、性质、规模、位置与运动轨迹等。根据警报内容和功能的不同，可将泥石流次声警报划分为发生警报、类型和规模警报及定位警报。据此，可将信号识别算法划分为发生算法、分类分级算法和定位算法3类。

6.3.4.1　发生警报

发生警报即对泥石流的发生与否进行警报。发生算法以泥石流次声特征参数和临界阈值为判别标准，从背景噪声中识别出泥石流次声，并提示泥石流的发生。发生算法分析对象为信号的SON部分，其性能指标包括误漏报率和警报提前量，两者与特征参数和临界阈值的选取直接相关。章书成等提出以持续时间和振幅为识别标准，针对不同流域，可设置不同的持续时间和振幅阈值。该算法未以深入的泥石流次声特征为依据，十分保守，在长期的警报实践中虽无漏报，却造成了大量误报。刘敦龙等采集了大量雷电、爆破、引擎、风等自然现象和泥石流事件的声波信号，总结了信号的关键特征和临界参数，提出了基于各方面特征的发生识别算法。算法将信号10s划分为一段，首先以平均振幅识别可疑信号段与环境本底噪声，然后以次声段的能量下限值、上限值和短时过零率做进一步判断，最后对仍无法识别的信号段以可闻声段最大声压、后续信号段的特征做出判定。算法全面分析了泥石流次声信号与各种噪声的区别，提高了警报的实时性和准确度，在恶劣的d气条件下成功警报了蒋家沟的多次泥石流。

6.3.4.2　类型和规模警报

类型和规模警报是对不同类型、性质和规模的泥石流进行警报。分类分级算法以泥石流次声的特征参数和临界阈值为判别标准，区分出泥石流的类型、性质和规模。分类分级算法是以泥石流次声特征为基础，泥石流次声信号以SBO部分振幅最大，与背景噪声区别最为明显。因此，可靠地区分判定如以SBO部分为分析对象，势必造成类型和规模警报在时间上滞后于发生警报。Schimmel等提出了综合地声和次声的识别算法，提高了警报精度。算法将声波信号按频率范围从低到高分为4个频段，并通过频段2（5～15Hz）和频段3（15～35Hz）的能量比较区分泥石流和高含沙洪水，然后通过分布标准、变异标准、振幅标准和时间标准逐步判定信号的有效性和事件的规模，算法以SON部分信号进行初步判断，再综合SBO部分进行最终判断。该算法在阿尔卑斯的中小规模泥石流、山洪灾害事件的警报中表现良好。章书成等根据大量的监测统计分析，得出了声压值与泥石流流量的粗略数量关，该关系被成功应用于山区铁路沿线泥石流的警报中；周宪德等研究了2000年8月19日在云南蒋家沟发生的63阵（次）泥石流流量及次声关系，发现泥石流次声的峰值频率分布在4～7Hz，当流量小于500m³/s时，峰值频率约为6Hz；当流量大于500m³/s时，峰值频率则随流量增加而递减，递减率约为0.002Hz/（m³/s），但尚未应用于警报。目前，虽然在类型和规模警报上有一些尝试，但由于无法根据信号频率特性、声压值等特征从定量角度以数值范围的形式准确界定泥石流类型和规模，还难以实现此类警报。

6.3.4.3　定位警报

定位警报即提示泥石流的形成位置以及运动轨迹，实现灾害定位与实时监控。定位算法以传感器阵列和声达时间差法为基础，其理论基础是被动声源定位技术。李朝安等提出的山区铁路沿线泥石流次声警报方法，可确定泥石流发生位置。该方法在铁路沿线布设3个以上次声监测仪，即一维线性三点阵列，再根据监测到次声的时间，利用三角形边角关系推算确定泥石流灾害发生的沟道位置，原理简单。刘敦龙等开发设计了基于传感器阵列的声源定位技术，实现了泥石流次声波源位置的实时定位。该技术将3个传感器布设为二维平面三点阵列，其阵元间距设置为500～1000m，采用基于声达时间差的声源定位算法模型对泥石流次声波源位置进行实时定位，同时借助GIS可视化平台，实时展示定位结果。该定位系统在蒋家沟的2次现场监测中，成功定位了泥石流的运动轨迹。

目前，定位警报尚处于开拓阶段。采用的声达时间差法，简单高效，很好地照顾了实时性的要求，精度已基本满足警报要求，能够实现对泥石流的实时监控。定位精度的影响因素有3个。

①传感器阵列的布设，包括阵列结构、阵元间距和阵元数目等。

②山区环境，复杂的地形条件和变化的大气条件对声波的传播影响很大，导致真实的声线往往是折线和曲线，而定位模型都是假设声线为直线。Kogelnig等在Illgraben流域的泥石流次声研究中还发现，泥石流由山区进入开阔区域后，才接收到明显的次声信号，推测山区阻碍了声波的传播。

③定位算法的适用性，声达时间差法的主要适用对象为单个声源，泥石流具有阵流的特点，且龙头部分声波能量最大，明显区别于龙身、龙尾，如采用适合运动的多声源目标的算法其效果会更佳。未来在开发适用性更好的算法的基础上，将风速、气温、地形等环境条件加以考虑，同时优化阵列结构，定位精度将会逐步提高。

泥石流次声产生机理是次声警报的理论基础和核心所在。泥石流中液相的运动、固相的运动以及沟岸的振动扰动空气形成声波，三者共同构成空气波动方程的边界条件。次声是泥石流运动的一种表现形式，泥石流次声是固液相物质运动及与沟床作用的结果，如何定量区分二者对次声的影响，在理论分析和数值模拟的同时，可开展不同流体、不同类型泥石流和颗粒、浆体的次声实验研究及野外同步观测，以揭示其次声形成内在机理，构建泥石流次声的本构方程。

次声信号分析和算法是次声警报的技术难题。目前次声信号分析主要有STFT、CWT、WVD和HHT等变换，分析发现HHT更适合用于泥石流次声信号的处理。未来应结合泥石流发生警报、类型和规模警报以及定位警报等的具体实际，深入研究次声信号的组成及特征，破解现有的泥石流次声波源定位难题。而集成雨量预报、泥位计、地声和次声警报等手段的泥石流监测预警系统也是实现预警的重要手段。

泥石流次声在时域、频域和时频域都有其鲜明的特征，可通过特征将其识别出来。泥石流次声是泥石流警报的有效手段之一。现有的泥石流次声特征研究主要是对声波信号本身的时域、频域和时频域特征的统计分析，即主要针对泥石流次声本身，未能与泥石流的流速、流量、降雨强度、容重等特征要素建立起精确可靠的数值关系。次声特征研究成果仅能用以泥石流发生与否的判定和警报，尚无法对泥石流类型、规模、受灾范围和到达时间做出准确的预报。

参考文献

[1]   Andreas J. Kappos, Georgios Panagopoulos. A hybrid method for the vulnerability assessment of R /C and U R M buildings[J]. BullEarthquake, 2006（4）：390 — 413.

[2]   Chen Y S. An influence of earthquake on the occurrence oflandslide and debris flow[D]. Taipei: National Cheng KungUniversity, 200.

[3]   Cui P, Zhu Y Y, Chen J, et al. Relationship between antecedent rainfall and debris flow in Jiangjia Ravine, China.[A]. // Chen C L,major J J. Debris flow Hazard Mitigation: Mechanic s, Prediction, and Assessment[C]. Rotterdam: Millpress:1-10.

[4]   Godfrey A, Ciurean R L，Van Westen C J, et al. Assessing vulnerability of buildings to hydro-meteorological hazards using an expert based approach-An application in Nehoiu Vally, R omania[J]. International Journal of Disaster R isk R eduction, 2015（13）：229 — 241.

[5]   Hübl J, Zhang S C, Kogelnig A. Infrasound measurements of debris flow[C] // WIT Transactions on Engineering Sciences，Second International Conference on Monitoring, Simulation, Prevention and R emediation of Dense and Debris Flows II. 2008，60: 3-12.

[6]   Jonkman S N, bockarjova M, Kok M, et al. Integratedhydrodynamic and economic modeling of flood damage in the Netherlands[J]. Ecological Ecomomics, 2008（66）：77 — 80.

[7]   Kappes M S, Papathoma-kohle M, Keiler M. Assessing physicalvulnerability for multi-Hazards using an indicator-based methodology[J]. Applied Geography, 2012（32）：577 — 590.

[8]   Kogelnig A, Hübl J, Suri ach E, et al. Infrasound produced by debris flow: Propagation and frequency content evolution[J]. Natural Hazards, 2014, 70（3）：1 713-1 733.

[9]   Liu C W, Huang H F, Dong J J. Impacts of September 21，1999 Chi-Chi earthquake on the characteristics of gully-type debris flows in central Taiwan[J]. Natural Hazards, 2008，47（3）：349 — 368.

[10] Liu Dunlong, Leng Xiaopeng, Wei Fangqiang, et al. Monitoring and recognition of debris flow infrasonic signals[J]. Journal of Mountain Science, 2015, 12（4）：797-815.

[11] Liu Dunlong, Leng Xiaopeng, Wei Fangqiang, et al. Visualized localization and tracking of debris flow movement based on infrasound monitoring[J]. Landslides, 2017, 3（B）：1-15.

[12] LYN D, COOPER T, YI Y, et al. Debris accumulation at bridge crossings: laboratory and field studies[R]. Joint Transportation Research Program, 2003: 48

[13] Schimmel A, Hübl J. Automatic detection of debris flows and debris floods based on a combination

of infrasound and seismic signals[J]. Landslides, 2015, 13（5）：1 181-1 196.

[14] Shieh C L, Chen Y S, Tsai Y J, et al Variability in rainfall threshold for debris flow after the Chi-Chi earthquake in central Taiwan, China[J]. International Journal of Sediment Research, 2009, 24（2）：177 - 188.

[15] Wondzell S M, King J G. 2003. Postfire erosional processes in the Pacific Northwest and Rocky Mountain regions[J]. Forest Ecology and Management, 178（1-2）：75-87.

[16] Zhou Xiande, Zhang Youlong, Zhang Shucheng. Acoustic signals and geophone response induced by stony-type debris flows[J] . Journal- Chinese Institute of Engineers, 2013, 36（3）：335-347.

[17] 蔡红刚. 汶川震区泥石流防护工程损毁特征及破坏机制研究[D]. 成都：成都理工大学, 2012.

[18] 曾超, 崔鹏, 葛永刚等. 四川汶川七盘沟"7•11"泥石流破坏建筑物物的特征与力学模型[J]. 西安：地球科学与环境学报, 2014, 36（2）：81－84.

[19] 常鸣, 唐川, 夏添等. 2012. 强震K泥石流堆积物的演化特征与方量估算模型[J]. 北京：水利学报, S2：117－121.

[20] 陈光曦, 王继康, 王林海. 1983.泥石流防治[M]. 北京：中国铁道出版社.

[21] 陈宁生, 黄蓉, 李欢等. 2009.汶川"5•12"地震次生泥石流沟应急判识方法与指标。成都：山地学报, 27（1）：108-114.

[22] 陈宁生, 杨成林, 李欢. 基于浆体的泥石流容重计算[J]. 成都：成都理工大学学报：自然科学版, 2010, 37（2）：168－173.

[23] 陈宁生, 杨成林, 李战鲁等. 209.泥石流弯道超高与流连计算关系的研究——以巴塘通戈顶治地笔生泥石流为例[J]. 成都：四川大学学报（工程科学版）, 41（3）：165-171.

[24] 陈宁生, 张飞. 2006,2003年中国西南山区典型灾害性暴雨泥石流运动堆积特征[J]. 地理科学, 0g701-705.

[25] 陈锐, 吴跃东, 刘坚. 2014. 用于预防泥石流灾害的气泡混凝土挡墙及建造维护方法, CN103882829A［P］..

[26] 陈维, 赵鑫, 张海太, 刘涛, 李春晓, 王康云. 基于模糊综合评判法的滇西北公路泥石流危险性评价[J]. 公路,2020,65（02）：25-29.

[27] 陈晓清, 崔鹏, 冯自立等. 2006.滑坡转化泥石流起动的人工降雨试验研究[J]. 武汉：岩石力学与工程学报（1）：106-116.

[28] 陈晓清, 崔鹏, 韦方强. 2006.泥石流起动原型试验及预报方法探索, 北京：中国地质灾害与防治学报, 17（4）：73-78.

[29] 陈晓清, 崔鹏, 游勇等. 2009. 关于汶川地震灾区泥石流灾害工程防治标准的讨论［C］. // 纪念汶川地震一周年抗震减灾专题学术讨论会文集. 成都. 2009-04.

[30] 陈晓清, 崔鹏, 赵万玉. 汶川地震区泥石流灾害工程防治时机的研究[J]. 成都：四川大学学报（工程科学版）, 2009,41（03）：125-130.

[31] 陈晓清, 崔鹏. 2011. 地震区山地灾害防治原则与技术体系. 汶川地震山地灾害形成机理与风险控制［M］. 北京：科学出版社, 2011：245－252.

[32] 陈晓清,李泳,崔鹏. 2004.滑坡转化泥石流起动现状研究[J]. 山地学报,22（5）：562-567.

[33] 陈晓清,韦方强,陈剑刚等. 2014.一种阶梯－深潭结构型山洪泥石流排导槽及其应用[Ｐ]. 中国,ＣＮ103696403Ａ 2014。4-12.

[34] 陈晓清,游勇,崔鹏等. 2013. 汶川地震区特大泥石流工程防治新技术探索[J]. 成都：四川火学学报（工程科学版）01：14－22.

[35] 陈晓清,游勇,李德基等. 2009.一种基于梯级防冲刷齿槛群的泥石流排导槽及其应用[Ｐ]. 中国,2009410058217.7.

[36] 陈晓清,游勇,赵万玉等. 2014. 一种钢索网护底型泥石流排导槽及其应用和施Ⅰ：方法 ［Ｐ］. 中国.

[37] 陈晓清,赵万玉,游勇等. 2014.一种阶梯－双潭结构型山洪泥石流排导槽及其应用[Ｐ]. 中国,ＣＮ201410039833 2014－。5－21.

[38] 陈晓清. 2006.滑坡转化泥石流启动机理试验研究[D]. 成都：西南交通大学博士学位论文.

[39] 陈洋勤. 1996.全球增暖对自然灾害的可能影响[J]. 哈尔滨：自然灾害学报,5（2）：95-101.

[40] 陈自生,王成华,孔纪名. 1992.中国滑坡灾害及宏观防御战略[A]. 见：北京：中国科学院. 中国自然灾害灾分析与减灾对策[M]. 武汉：湖北科学技术出版社,309-311.

[41] 崔鹏,陈晓清,钟敦伦等. 2003.高原泥石流及减灾[A]. 见：郑度.青藏高原形成环境与发展. 北京：北京科学技术出版社,277-291.

[42] 崔鹏,何思明,姚令侃等. 2011.汶川地震山地灾害形成机理与风险控制[M]. 北京：科学出版社.

[43] 崔鹏,林勇明,蒋忠信. 2007.山区道路泥石流滑坡活动特征与分布规律[J]. 公路,6：77-82. 崔鹏,柳素清,唐邦兴等. 2005.风景区泥石流研究与防治[M]. 北京：科学出版社.

[44] 崔鹏,林勇明. 2007.自然因素与工程作用对山区道路泥石流、滑坡形成的影响[JⅡ]. 灾害学, 22（3）11-12.

[45] 崔鹏,韦方强,何思明等. "5•12"汶川地震诱发的山地灾害及减灾措施[J]. 成都：山地学报,2008,26（3）：280－282.

[46] 崔鹏,韦方强,谢洪等. 中国西部泥石流及其减灾对策[J]. 第四纪研究,2003,23（2）：142－151.

[47] 崔鹏. 1990.泥石流起动机理与条件的实验研究[J]. 北京：科学通报,36（21）：1650-1652.

[48] 崔之久等. 1996. 泥石流沉积与环境[M]. 北京：海洋出版社.

[49] 丁明涛,李昱陆,庞金彪,王英杰等. 泥石流胁迫下建筑物易损性评价——以汶川县七盘沟为例[J]. 灾害学,2020,35（01）：144-149.

[50] 丁志雄,李纪人,李琳. 基于CIS格网模型的洪水淹没分析方法[J]. 北京：水利学报,2004, 6（6）：56-61.

[51] 杜格桓,康志成,陈循谦等. 1987.云南小江泥石流综合考察与防治规划研究[M]. 重庆：科学技术文出版社重庆分社.

[52] 杜榕桓,李鸿堆,唐邦兴等. 1995.三十年来的中国泥石流研究[J]. 哈尔滨：自然灾害学报,

4（4）：64-73.

[53] 费祥俊，康志成，王裕宜．细颗粒浆体、泥石流浆体对泥石流运动的作用[J]．山地研究，1991（3）：143－152.

[54] 费祥俊，邵学军．泥沙源区沟道输沙能力的计算方法[J]．泥沙研究，2004.01：1-8.

[55] 费祥俊，舒安平．2004.泥石流运动机理与灾害防治[M]．北京：清华大学出版社.

[56] 费祥俊．黄河中下游含沙水流黏度的计算模型[J]．泥沙研究，1991.（2）：1-13.

[57] 费祥俊．黏性泥石流的输沙浓度与运动速度[J]．北京：水利学报，2003.02：15-18.

[58] 弗莱施曼CM.1986.泥石流[M]．姚德基，译，北京：科学出版社，36-251.

[59] 葛全胜，邹铭，郑景云.2008.中国自然灾害风险综合评估初步研究[M]．北京：科学出版社．韩力群.2002.人工神经网络理论、设计及应用[M].北京：化学工业出版社.

[60] 何易平，崔鹏，李先华．浅析泥石流堆积物的光谱特征——以蒋家沟泥石流堆积物为例.灾害学，2000.15（3）：12-17.

[61] 胡凯衡，崔鹏，李浦．泥石流动力学模型与数值模拟，自然杂志，2014.36（5）：313-318.

[62] 胡凯衡，崔鹏，田密，等．泥石流动力学模型和数值模拟研究综述[J]．北京：水利学报，2012，43（增刊2）：79-84.

[63] 胡凯衡，游勇，庄建琦，等．北川地震重灾区泥石流特征与减灾对策[J]．地理科学，2010.04：566－570.

[64] 胡飘密，古方强，选勇，等．206.泥石流冲击力的野外测定（1）门.若石力学马了得学报，25（增1）：2813-2500.

[65] 胡涛．汶川震区震后大型泥石流致灾机理及防治对策研究[D]．成都：成都理工大学，2017.

[66] 黄启乐，陈伟，傅旭东．斜坡单元支持下区域泥石流危险性ＡＨＰ－ＲＢＦ评价模型[J]．杭州：浙江大学学报：工学版，2018，52（9）：1667－1675.

[67] 黄润秋．汶川8.0级地震触发崩滑灾害机制及其地质力学模式[J]．武汉：岩石力学与工程学报，2009，28（6）：1239－1249.

[68] 蒋忠信．西南山区暴雨泥石流沟简易判别方案.哈尔滨：自然灾害学报，1994.3（1）：75-83.

[69] 晋仁，王光谦．泥石流的结构两相流模型：Ⅰ.理论[J]．地理学报，1998，26（1）：77-85.

[70] 康志成,崔鹏,韦方强等．中国科学院东川泥石流观测研究站观测实验资料集（1961～1984）[M]．北京：科学出版社，2006.

[71] 康志成，崔鹏，韦方强，等.中国科学院东川泥石流观测研究站观测实验资料集（1961～1984），2006.北京：科学出版社．2006.

[72] 康志成，崔鹏，韦方强，等.中国科学院东川泥石流观测研究站观测实验资料集（1995～2000），北京：科学出版社．2007.

[73] 康志成，李焯芬，马蔼乃，等．中国泥石流研究[M]．北京：科学出版社.

[74] 康志成，李焯芬，马蔼乃，等．中国泥石流研究.北京：科学出版社．2004.

[75] 康志成．云南东川蒋家沟黏性泥石流流速分析[A]．见：中国科学院兰州冰川冻土研究所集刊（4）[C]．北京：科学出版社,1984：108～118.

[76] 李朝安，胡卸文，李冠奇，等．四川省"8·13"特火泥石流灾害成生机理与防治原则[J]．水土保持研究，2012，02：257－263．

[77] 李梅，陈亮，魏高荣，等．一种基于gprs通信的泥石流次声监测系统及其方法：CN106197654A［P］．2016-12-07．

[78] 李培基，梁大兰．泥石流容重及其计算[J]．泥沙研究，1982，（3）：72．

[79] 柳金峰，游勇，陈兴长．岷江上游潜在性泥石流堰塞湖危害及判识[J]．地理科学，2010，32（7）：885－891．

[80] 罗泽军，张清照，王运生，等．泸定县得妥镇洛进沟泥石流危险性分析[J]．北京：工程地质学报，2018，26（增）：92－98．

[81] 吕儒仁．泥石流沟判别因素分析.山地研究，1985，3（2）：121-127．

[82] 马大猷．现代声学理论基础［M］．北京：科学出版社，2005．

[83] 聂银瓶，李秀珍．基于Flow－R模型的八一沟泥石流危险性评价[J]．哈尔滨：自然灾害学报，2019，28（1）：156－164．

[84] 乔彦肖，邓素贞，张少．冀西北地区泥石流发育的环境因素遥感研究.中国地质灾害与防治学报，2004，15（3）：106-110．

[85] 乔彦肖，赵志忠．冲洪积扇与泥石流扇的遥感影像特征辨析，地理学与国土研究，2001，17（3）：35-38．

[86] 秦飞，郑菲，李均之，等．孕震过程中次声波的产生机理[J]．北京：北京工业大学学报，2006，32（6）：568-572．

[87] 沈寿长，谢慎良．泥石流体的结构模式和粗颗粒对泥浆体流变特性的影响[J]．泥沙研究，1983（3）：12－19．

[88] 师哲．泥石流监测预警技术［M］．武汉：长江出版社，2012．

[89] 舒安平，王乐，杨凯．非均质泥石流固液两相运动特征探讨[J]．北京：科学通报，2010，55（31）：3006-3012．

[90] 舒安平，张志东，王乐等．基于能量耗损原理的泥石流分界粒径确定方法[J]．北京：水利学报，2008（3）：257－263．

[91] 苏鹏程，韦方强，冯汉中等．"8·13"四川清平群发性泥石流灾害成因及其影响［J］．山地学报，2011，29（3）：337－347．

[92] 谭炳炎．泥石流沟严重程度的数量化综合评判.西安：水土保持通报，1986，6（1）：51-57．

[93] 谭炳炎．泥石流沟严重程度的数量化综合评判［J］．北京：铁道工程学报，1986，（12）：45－52．

[94] 谭春，陈剑平，李会中，等．加权距离判别法在泥石流危险度评价中的应用[J]．长春：吉林大学学报：地球科学版，2012，42（6）：1847－1852．

[95] 唐邦兴，李宪文，吴积善，等．1994.山洪泥石流滑坡灾害及防治.北京：科学出版社．

[96] 唐川，梁京涛．汶川震区北川9·24暴雨泥石流特征研究[J]．北京：工程地质学报，2008，16（6）：751－758．

[97] 王礼先，于志民．山洪及泥石流灾害预报．北京：中国林业出版社．2001.

[98] 王秀丽，郑国足，吕志刚，等．一种抗巨石冲击的弹簧格构泥心流栏挡结构［P］．中国，ＣＮ103643658Ａ．2014.

[99] 韦方强．系统工程原理在泥石流研究中的应用．北京：中国科学院研究生院硕士学位论文．1994.

[100] 吴积善，田连权，康志成，等．泥石流及其综合治理[M]．北京：科学出版社．

[101] 吴永，何思明，东坡，等．一种防治沟道泥石流起动的结构体及其设计方法［P］．中国，CN103556602Ａ．2014.

[102] 吴永，何思明，李新坡．一种泥石流石笼防治结构体及其设计方法［P］．中国，CN103526722A．2014.

[103] 谢洪，钟敦伦，矫震，等．2008年汶川地震重灾区的泥石流[J]．山地学报，2009，27（4）：501－509.

[104] 谢涛，韦方强，杨红娟，谢湘平，等．鱼脊型泥石流水石分离结构的关键参数确定[J]．山地学报,2015,33（01）：116-122.

[105] 谢涛，韦方强，杨红娟，谢湘平，等．鱼脊型泥石流水石分离结构中格栅跨度的研究[J]．西南交通大学学报，2016，51（04）：721-728.

[106] 谢涛，谢湘平，韦方强，杨红娟，等．鱼脊型泥石流水石分离结构强度计算方法[J]．四川大学学报（工程科学版），2016，48（02）：48-56.

[107] 谢涛,谢湘平,韦方强,杨红娟,等.鱼脊型泥石流水石分离结构适用性的模型试验研究[J].水利学报，2014，45（12）：1472-1480.

[108] 谢涛，尹前锋，高贺等．基于地貌信息熵的d山公路冰川泥石流危险性评价[J]．冰川冻土，2019，41（2）：1－7.

[109] 谢湘平，王小军，屈新，刘世明，付裕，等．缝隙坝对携带漂木的泥石流减灾效果实验研究[J]．工程地质学报，2020,28（06）：1300-1310.

[110] 谢湘平，王小军，闫春岭．漂木灾害研究现状及研究展望[J]．山地学报，2020，38（04）：552-560.

[111] 谢湘平，韦方强，王小军，等．鱼脊型水石分离结果的物质与能量调控效果试验研究[J]．工程科学与技术，2019,51（05）：49-58.（EI）.

[112] 谢湘平，韦方强，杨红娟，等．基于漂木分离效果的鱼脊型水石分离结构参数优化[J]．四川大学学报（工程科学版），2016,48（1）：55-63.（EI）

[113] 许树柏．层次分析法原理［M］．d津：d津大学出版社，1988：145－165.

[114] 许文杰，官洪运，邬晓琳．泥石流次声信号时频分析方法的应用研究[J]．计算机与现代化，2013，1（4）：36-39.

[115] 杨红娟，韦方强，胡凯衡，洪勇，等．黏性泥石流流速垂向分布试验研究[J]．泥沙研究，2018，43（02）：61-66.

[116] 杨涛，唐川，朱金勇，等．四川省汶川县绵虒镇小流域泥石流危险性评价[J]．武汉：长江

科学院院报，2018，35（10）：82－87.

[117] 杨武年，濮国梁，Cauneau F等. 2005.长江三峡库区地质灾害遥感图像信息处理及其监测和评估. 地质学报，79（3）：423-430.

[118] 殷跃平. 汶川八级地震地质灾害研究[J]. 北京：工程地质学报，2008，16（4）：433-444.

[119] 殷跃平. 汶川八级地震滑坡高速远程特征分析[J]. 北京：工程地质学报，2009，17（2）：153－166.

[120] 游勇，柳金峰. 汶川8级地震对岷江上游泥石流灾害防治的影响[J]. 四川大学学报：工程科学版，2009，41（增刊）：16－22.

[121] 张军，熊刚. 云南蒋家沟泥石流运动观测资料集（1987～1994），北京：科学出版社. 1997.

[122] 张楠,徐永强. 四川宁南县白鹤滩6·28泥石流特征分析[J]. 中国地质灾害与防治学报,2013,24（04）：66-70.

[123] 章书成，余南阳. 泥石流次声波警报器DFW-ⅠⅢ型简介[J]. 成都：山地学报，2008，26（4）：2.

[124] 赵鑫，程尊兰，刘建康，等. 云南东川地区单沟泥石流危险度评价研究[J]. 灾害学，2013，28（1）：102－106.

[125] 智思明，李新故，吴水. 考虑弹塑性变形的泥石流大扶石冲击力计算（1）；武汉：岩石力学与工程学. 2007，（8）：1664-1669.

[126] 周洪建. 当前全球减轻灾害风险平台的前沿话题与展望——基于2017年全球减灾平台大会的综述与思考[J]. 地球科学进展，2017，32（7）：688-695.].

[127] 周铭. 不同形态泥石流地声与次声特性比较研究[D]. 南宁：广西大学，2014.